ActionView::MissingTemplate in System/odb#generate_html_imprint

Showing */opt/vdmo_rails31/source/bsp/templates/public/imprint_FR.html.erb* where line **#1** raised:

```
Missing partial source/bsp/templates/public/imprint_default.rhtml with {:locale=>[:de],
:formats=>[:html], :handlers=>[:erb, :builder, :coffee]}. Searched in:
  * "/opt/vdmo_rails31/app/views"
```

Extracted source (around line **#1**):

```
1:     <%= render :partial =>
"#{@project.imprint.get_config_value_for_imprint("source_wkhtmltopdf_templates").cvalue}imprint_default.rhtml"
%>
```

Trace of template inclusion: app/views/system/odb/generate_html_/api/build/stone_content/7307/978-613-6-27088-3_imprint.html.erb

```
Rails.root: /opt/vdmo_rails31
```

[Application Trace](#) | [Framework Trace](#) | [Full Trace](#)

```
app/views/system/odb/generate_html_/api/build/stone_content/7307/978-613-6-27088-
3_imprint.html.erb:5:in
 `_app_views_system_odb_generate_html_imprint_html_erb___2857346403096285225_49916480'
app/controllers/system/odb_controller.rb:75:in `generate_html_imprint'
```

Request

Parameters:

```
{"id"=>"114999"}
```

[Show session dump](#)

[Show env dump](#)

Response

Headers:

```
None
```

Contents

Articles

References

Dogue_argentin

Dogue argentin	

Dogue argentin

Espèce	chien (*Canis lupus familiaris*)
Région d'origine	
Région	Argentine
Caractéristiques	
Taille	Le mâle mesure de 62 à 68cm et la femelle entre 60 et 65cm
Robe	Blanche parfois tachetée de noir
Tête	Carrée
Yeux	Sombre ou brun
Oreilles	interdiction de couper depuis 2004
Queue	Longue et grosse, naturellement tombante
Caractère	Joueur et courageux
Nomenclature FCI	

- groupe 2.1
  - section 1
    - n° 292

Le **Dogue argentin** (en espagnol, *Dogo argentino*) est un molosse de type dogue développé en Argentine au début du XXe siècle. Ce chien de grande taille, musclé et doté d'une mâchoire puissante est traditionnellement utilisé dans la pampa pour la chasse au puma et au sanglier. Ce dernier, avait été introduit par les colons au milieu du XIXe siècle. Malgré ses performances physiques remarquables et sa stature impressionnante, le dogue argentin est facile à éduquer et aboie peu ce qui en fait un chien adapté à la vie en famille[1] . A ce titre il n'est pas considéré comme un chien dangereux en France et aucune contrainte législative particulière ne lui est imposée. Le Dogue argentin est doté d'une surprenante résistance et d'un courage devenu mythique dans la Sierra de Córdoba.

Historique

Dogue argentin de compagnie

Chiot de 3 semaines

Le nom d'origine est Dogo Argentino. La motivation principale qui a conduit en 1928 Antonio Nores Martinez, créateur de la race, au modelage du dogue argentin fut de réunir les qualités du *Perro de pelea*, race de chien de combat renommée à Córdoba, en améliorant la taille et la force physique. Ce chien devait ainsi avoir des qualités pour la chasse au sanglier et au puma (à deux ou en meute) de la faune qui peuple la Sierra de Córdoba. Le travail de sélection commence par un mâle *bulldog tacheté*, lui même issu d'un *perro de pelea* (boxer + Mâtin) et d'un boston terrier, croisé avec une femelle *bull terrier* de race pure. Après une sélection sur 8 générations, le plus beau mâle est croisé avec une femelle Mâtin des Pyrénées pure. Ce n'est qu'à la 12ème génération que "Toño" obtient une portée de six dogues considérés comme purs de race. Celle-ci est reconnue par la Centrale Canine d'Argentine en 1964.

En Argentine, au début du XXe siècle, la chasse est très populaire : C'est un loisir pour les riches, et un moyen de subsistance pour les pauvres. C'est ainsi que les frères Nores Martinez, passionnés de génétique, décident de se lancer dans la création d'une nouvelle race. Ils se baseront sur le chien de Pelea et 9 autres races seront utilisées :

Chaque race correspond à un objectif bien particulier:

- Le Dogue Allemand : souvent utilisé pour obtenir des sujets hauts sur pattes, permettant ainsi d'assurer une bonne taille et il contribua largement à améliorer l'aspect de la tête.

- Le Pointer : chiens de chasse déjà bien présents en Argentine. Les sujets utilisés furent sélectionnés selon des critères bien précis : Excellent odorat, grande résistance physique aux intempéries et bon caractère (avec l'homme comme avec ses congénères). Le plus du Pointer est qu'il ne flaire pas au sol mais au vent: le Puma sautant d'arbre en arbre, c'est un atout majeur pour ne pas perdre la trace de la proie.

- L'Irish Wolfhound : Ce chasseur de loups apporta au Dogo deux qualités essentielles pour rattraper un sanglier ou un puma en fuite, puis l'attaquer : la rapidité et le courage.

- Le Mâtin des Pyrénées : permit de conserver la haute taille désirée, ainsi qu'un bon gabarit car le Mâtin est un chien haut et imposant. Mais il fut également choisi pour sa robe blanche, caractéristique indispensable à la chasse aux sangliers !

- Le Bulldog Anglais : Cette race fut utilisée avec une grande prudence car non seulement elle avait déjà largement contribué à la création du chien de pelea, mais également parce qu'elle diminuait la taille des sujets obtenus et leur conférait un prognathisme marqué. Cependant, le Bulldog permit au Dogo d'avoir une prise très forte, une mâchoire puissante et une grande ténacité lors des combats.

- Le Dogue de Bordeaux : Les frères Nores utilisèrent un chien issu du croisement d'un Dogue de Bordeaux et d'un chien de pelea. Ce chien permit de renforcer la mandibule et d'obtenir une tête plus imposante. Mais il transmit également une robe jaune qui obligea les 2 frères à ne l'utiliser qu'avec une extrême prudence.

- Le Bull Terrier : Au même titre que le Bulldog Anglais, il permit de renforcer la mâchoire du Dogo et lui apporta, en plus de sa ténacité au combat et d'une forte prise, sa robe blanche.

- Le Mastiff : Les sujets sélectionnés étaient de couleur claire, ils servirent à assurer un bon gabarit et une grande robustesse, tout en apportant calme et obéissance.

- Le Boxer : Le Boxer fut utilisé afin de rendre le Dogue plus obéissant et sociable, avec l'homme comme avec ses congénères, et contribua à renforcer des qualités primordiales : agilité et endurance.

Ce chien a été "voulu" de couleur blanche pour le différencier du gibier. Malheureusement, cela cause des problèmes de surdité. En effet, comme chez le Dalmatien ou le Bull Terrier par exemple, le fond de robe est blanc et la sélection génétique de ce caractère est corrélée avec des défauts au niveau de l'oreille interne, provoquant des possibilités de surdité congénitale. Ces cas ne sont pas fréquents mais ils ne sont pas rares.

Caractère

Ce chien peut être utilisé comme chien de garde. Courage, équilibre et intelligence sont les qualités qui prédominent chez le dogue argentin. Sélectionné pour combattre le gros gibier argentin (pumas, sangliers), il prend de son ascendant, le *perro de pelea cordobès*, le courage indomptable et la prédisposition à la lutte à mort. Du *bull dog*, du *bull-terrier* et du *mâtin des Pyrénées*, le dogue argentin reçoit en héritage un remarquable équilibre psychique et une intelligence très vive, sans perdre toutefois le côté combattant de son ancêtre espagnol.

Il cohabite agréablement avec le cheval, la vache et tous les animaux domestiques. Il ne se déchaîne qu'avec les animaux sauvages.

Le dogue argentin est un chien très affectueux envers son maître et les autres membres de la famille. Il est convivial avec les amis de la maison, mais sait faire trembler d'un simple regard un inconnu qui approche. Néanmoins, compte tenu de sa puissance et de sa fermeté de caractère, il demande un excellent dressage pour donner entière satisfaction.

C'est un chien qui peut s'avérer très dangereux envers les autres animaux et les humains s'il est mis entre les mains de propriétaires irresponsables.

Bibliographie

- Guide des auxiliaires spécialisés vétérinaires - R. Lane - Édition du Point Vétérinaire - 1993
- Les Chiens - David Alderton - Bordas - 1994
- Chien de race : Le dogue argentin - P. Vianini - Éditions de Vecchi - 1998

Notes et références

[1] Santevet.com - Le dogue argentin : un molosse de bonne compagnie (http://www.santevet.com/articles/ 545-le-dogue-argentin-un-molosse-de-bonne-compagnie)

Liens externes

- [PDF] Le standard de la race sur le site de la SCC (http://www.scc.asso.fr/mediatheque/standards/292.pdf)

Chien

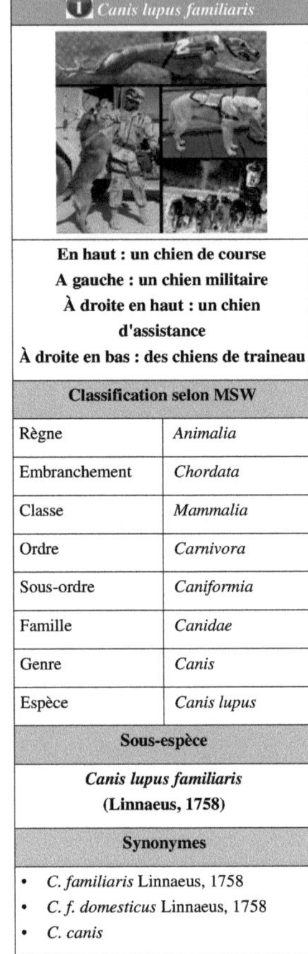

Canis lupus familiaris	
En haut : un chien de course **A gauche : un chien militaire** **À droite en haut : un chien** **d'assistance** **À droite en bas : des chiens de traineau**	
Classification selon MSW	
Règne	*Animalia*
Embranchement	*Chordata*
Classe	*Mammalia*
Ordre	*Carnivora*
Sous-ordre	*Caniformia*
Famille	*Canidae*
Genre	*Canis*
Espèce	*Canis lupus*
Sous-espèce	
Canis lupus familiaris **(Linnaeus, 1758)**	
Synonymes	

- *C. familiaris* Linnaeus, 1758
- *C. f. domesticus* Linnaeus, 1758
- *C. canis*

Le **chien** (*Canis lupus familiaris*) est un mammifère domestique de la famille des canidés. C'est la première espèce animale à avoir été domestiquée par l'homme[1] , les plus anciens restes confirmés de chien domestique étant vieux de 31700 ans[2] soit plusieurs dizaines de milliers d'années avant toute autre espèce domestique connue. Depuis la Préhistoire, le chien a accompagné l'homme durant toute sa phase de sédentarisation qui a conduit à l'apparition des premières civilisations. Autrefois regroupé dans une espèce à part entière, *Canis canis* ou encore *Canis familiaris*, la recherche génétique a confirmé son origine, qui bien que probablement diverse[3] ,[4] , découle principalement de la domestication du loup gris commun. Malgré des différences morphologiques majeures, les scientifiques regroupent ainsi l'ensemble des races de chiens au sein d'un groupe nommé *Canis lupus familiaris*, une sous-espèce de *Canis lupus*. Des chiens domestiqués, puis redevenus sauvages sont en revanche considérés comme autant de sous-espèces de *Canis lupus*, c'est le cas des dingos et du chien chanteur.

Il existe une forte hétérogénéité au sein de la sous-espèce qui a été standardisée sous la forme des races de chiens. Certaines ont une origine ancienne comme le Husky sibérien ou le Berger de Brie tandis que d'autres comme le Berger allemand ou le Golden Retriever sont de création plus récente. Dans les pays où les critères de la Fédération cynologique internationale ont une reconnaissance législative, l'appellation *pure race* est obligatoirement conditionnée à l'enregistrement du chien dans les livres des origines de son pays de naissance[5] ,[6] . Dans de nombreux pays, le chien entre dans le cadre de la législation sur les carnivores domestiques à l'instar du chat et du furet. Pour circuler en Europe, ils doivent être munis d'un passeport européen pour animal de compagnie.

On appelle également « chien » plusieurs autres espèces de canidés des genres *Atelocynus* et *Speothos*, voire de rongeurs du genre *Cynomys* (chien de prairie).

Dénomination

Le terme chien dérive du terme latin *canis* dans le même sens[7] . La femelle du chien s'appelle la **chienne** et un jeune chien est appelé un **chiot**. Le chien *glapit*, *jappe*, *grogne* ou *aboie*.

La désignation des chiens suit généralement la standardisation suivante:

Chien de race Samoyède

- ***Chien de race...*** : se dit d'un chien qui a subi une standardisation sous forme de race afin d'isoler des caractéristiques physiques ou comportementales désirées. Il est reconnu comme tel par les autorités en charge de cette standardisation. Ainsi, pour un Chien-loup tchécoslovaque reconnu (en général par son inscription au livre des origines correspondant) on utilisera l'appellation « *chien de race Chien-loup tchécoslovaque* ».

- ***Chien de type...*** : se dit d'un chien qui a subi une standardisation sous forme de race et qui n'est pas reconnu comme tel (en général non inscrit au livre des origines correspondant). Ainsi, pour un Dogue Argentin non reconnu on utilisera l'appellation « *chien de type Dogue Argentin* ».

Le *Labraniche, Labrador Retriever croisé Caniche*, est une solution pour les aveugles allergiques

- ***Croisé*** : se dit d'un chien issu de chiens standardisés (race ou type) et identifiables. Ce croisement peut être volontaire, il permet alors de combiner les caractéristiques spécifiques de deux races. Pour un croisement entre un berger allemand et un malinois on utilisera généralement l'appellation « *Berger allemand croisé malinois* » souvent écrit « *Berger allemand X malinois* ». Dans certains cas on utilise également la contraction des deux noms des races qui le composent. On peut citer par exemple le « *Labraniche* », croisement d'un labrador et d'un caniche ou encore, le « *Greyster* », croisement entre un lévrier greyhound et un braque allemand. Il existe également des cas particuliers, ainsi pour les croisements entre des chiens de race Husky sibérien avec des lévriers ou autres chiens de chasse on utilisera l'appellation « *Alaskan Husky* » et pour les croisements entre molosses de type American Staffordshire Terrier et Mastiff on utilisera l'appellation « *Pitbull* ». Le croisement peut être un préalable à la définition d'une nouvelle race.

- ***Bâtard*** : se dit d'un chien issu de multiples croisements, souvent involontaires, entre des chiens de plusieurs races ou types différents. Le *bâtard* diffère du *croisé* par le caractère inconnu et indéfinissable des races ou types de chiens qui le composent. Sa dénomination sous forme de standard ou combinaison de standards est alors impossible. Il sera simplement désigné comme un « *bâtard* ».

- ***Corniaud*** : Le mot « *corniaud* » signifie « *du coin* ». Il s'utilise à l'origine pour un chien qui n'a jamais subi de standardisation sous forme de race mais qui subit des contraintes locales qui lui confèrent des caractéristiques particulières. Il s'agit généralement d'un type local de chien qui n'est pas encore reconnu et dont le standard n'est pas défini précisément. Parfois le corniaud vient à être standardisé. C'est le cas du Chien de Canaan ou encore du Basenji, *corniauds* à l'origine, ils sont désormais reconnus comme des races de chiens. À l'inverse, le Laobé et l'Africanis sont toujours des *corniauds*. Dans les pays occidentaux, le taux de standardisation des chiens locaux sous forme de races reconnues (Berger de Beauce, Berger picard, Berger des Abruzzes, Bouvier des Flandres, etc...) est très élevé, les véritables *corniauds* sont donc devenus très rares. Ainsi, dans le langage courant le mot *corniaud* y est souvent pris abusivement pour synonyme de *bâtard*.

Ce mot « chien » est employé dans diverses expressions telles que : avoir du chien : avoir une certaine distinction et du charme ; entre chien et loup : au crépuscule ; garder un chien de sa chienne : expression familière signifiant se promettre une vengeance future ; les chiens écrasés : rubrique de faits divers insignifiants dans un journal ; malade comme un chien : être très malade et souffrant ; se donner un mal de chien : se donner beaucoup de mal à travailler sur quelque chose ; temps de chien : temps météorologique désagréable (la pluie, par exemple) ; vie de chien : vie difficile et compliquée ; chien de mer : petit requin[8] .

Ou encore, il sert dans des mots composés tels que : chasse-chien, chien-assis, chien-chien, chien-dauphin, chien-loup, dent-de-chien, langue-de-chien, maître-chien, poisson-chien, tue-chien[8] .

Histoire

D'un point de vue génétique, selon une analyse comparative d'échantillons d'ADN mitochondrial, les lignées du chien et du loup se seraient séparées il y a environ 100000 ans[9] . Toutefois, cette divergence pourrait correspondre à celle d'une population de loups d'où plus tard serait sorti la lignée des chiens. L'analyse d'ADN mitochondrial ne peut donc pas prouver que des chiens existaient déjà il y a 100000 ans. Par ailleurs, les plus anciens restes fossiles connus de chien domestique ont été trouvés dans les grottes de Goyet en Belgique et datent de 31700 ans[2] . L'origine de cette domestication est donc clairement préhistorique. Plus précisément, elle est l'œuvre de groupes de chasseurs du Paléolithique supérieur. En comparaison, le cheval sera domestiqué par des groupes nomades entre 4000 et 3000 avant J.-C..

Un chien au début du XVIe siècle.

Le chien aurait été simplement apprivoisé parmi d'autres animaux, tels les chacals ou les rongeurs. Mais c'est le seul maintenu en dépendance, car il aurait montré le plus d'aptitudes à une socialisation primitive. Le chien a pour ancêtre le loup. Des expériences, en cours depuis une cinquantaine d'années avec des croisements sélectifs de renards semblent donner des résultats similaires à ceux observés chez le chien (comportement particulièrement social, pédomorphisme, tempérament enfantin, etc.).

Le chien primitif serait un chien de chasse qui aidait l'homme.

- Dans l'Antiquité, les chiens servaient aux combats (par exemple Irish wolfhound), à la production de viande et étaient aussi supports de croyances et de rites de type religieux.
- Plus tard, sous l'Empire romain, ils étaient des animaux de compagnie, des gardiens de troupeaux et utilisés pour la chasse.
- Au Moyen Âge, dans les campagnes et les milieux populaires, les chiens suscitaient des peurs collectives et faisaient l'objet d'exterminations quotidiennes. Pour la noblesse, en revanche, ce fut l'âge d'or de la vénerie.
- À la Renaissance, la passion des hommes pour la chasse parvint à conserver une place aux chiens dans la société. La noblesse considérait le chien comme un signe de puissance et de grandeur. Ceci permit le développement de races de chiens de compagnie.
- Au XIXe siècle, la population de chiens connaît une expansion numérique. Il est devenu un animal commun.
- Vers 1855, les anciennes races de chiens sont reconnues officiellement et leur type est homogénéisé (fixé) tandis que de nouvelles races créées par l'homme apparaissent. C'est l'apparition de la *cynophilie*.
- À la Belle Époque, puis entre les deux guerres, les artistes, les écrivains, et les politiciens choisissent des animaux qui les différencient du commun tel que les teckels par leurs petites tailles ou encore les caniches pour leurs poils.
- le 3 novembre 1957, *Laïka* (du russe : Лайка, « petit aboyeur »)[10] , une chienne du programme spatial soviétique devient le premier être vivant mis en orbite autour de la Terre. Elle a été lancée par l'URSS à bord de l'engin

spatial Spoutnik 2, un mois après le lancement du premier satellite artificiel Spoutnik 1.

Systématique

On a donné aux chiens le nom scientifique de *Canis familiaris* au XVIIIe siècle, avant le développement de la biologie évolutive, qui a permis de mettre en évidence l'étroite relation entre races domestiques et sauvages. À ce titre, le statut scientifique des « espèces » domestiques a été remis en cause, et beaucoup de biologistes ne les considèrent plus désormais que comme des formes domestiquées des espèces sauvages originelles.

Une espèce est en effet constituée de « groupes de populations naturelles, effectivement ou potentiellement interfécondes, qui sont génétiquement isolées d'autres groupes similaires[11] ». Or, les « espèces » domestiques se croisent avec leur espèce parente quand elles en ont l'occasion. « Vu que, du moins en ce qui concerne les races d'animaux domestiques primitives, celles-ci constitueraient, en règle générale, une entité de reproduction avec leur espèce ancestrale, si elles en avaient la possibilité, la classification d'animaux domestiques en tant qu'espèces propres n'est pas acceptable. C'est pourquoi on a essayé de les définir comme sous-espèces[12] ».

On donne alors à la nouvelle sous-espèce le nom de l'espèce d'origine, complété par le nom de sous-espèce qui reprend la seconde partie de l'ancien nom d'espèce.

Certains biologistes sont même réticents à utiliser la notion de sous-espèces pour un groupe domestiqué. D'un point de vue évolutif, l'idée d'espèce ou de sous-espèce est en effet liée à l'idée de sélection naturelle, et non de sélection artificielle. Du fait de cette réticence, et « depuis 1960 environ, on utilise de plus en plus la désignation « forma », abrégée « f. », qui exprime clairement qu'il s'agit d'une forme d'animal domestique qui peut éventuellement remonter jusqu'à diverses sous-espèces sauvages :

- Chien domestique - *Canis lupus f. familiaris*
- Bovin domestique - *Bos primigenius f. taurus*
- Chèvre domestique - *Capra aegagrus f. hircus*[12] »

Caractéristiques physiques

Le squelette du chien compte environ trois cents os (soit environ quatre-vingts de plus qu'un squelette humain adulte), le nombre étant variable d'une race à l'autre.

Malgré sa domestication et la dépendance à l'homme qui en découle, le chien a gardé sa musculature athlétique qui en fait un animal sportif et actif. Il possède un thorax large et descendu, et des pattes qui ne reposent au sol que par leur troisième phalange. Le chien est donc un digitigrade. Les membres antérieurs comportent cinq doigts, dont l'un, le pouce, nommé ergot, est atrophié et ne touche pas le sol. Les postérieurs en comptent généralement quatre, l'ergot n'existant que chez certaines races mais pouvant être double chez quelques bergers (beauceron, briard). Les doigts se terminent par des griffes et sont soutenus par des coussinets plantaires.

Taille et la masse sont très variables d'une race à l'autre : chihuahuas et dogues allemands

La tête du chien comporte une mâchoire puissante. La morsure d'un rottweiler a été mesurée à 149 kg/cm^2, celle d'un berger allemand a une pression de 108 kg/cm^2, et celle d'un pitbull 106 kg/cm^{2}[13] . La denture définitive, constituée de quarante-deux dents, est en place vers 6 mois.

Chez le chien,la taille et la masse sont très variables d'une race à l'autre : dans les extrêmes, la masse du chihuahua peut être de 900 g et celui du mastiff peut atteindre 140 kg.

L'espérance de vie de cet animal est en moyenne de onze ans, mais peut aller de huit à vingt et un ans.

Son sens de l'orientation est beaucoup plus précis que celui de l'homme. De même, son sens de l'équilibre serait légèrement plus aiguisé.

La température corporelle normale du chien va de 38,5 à 38.7 °C. Sa respiration normale va de seize à dix-huit mouvements à la minute (le jeune 18 à 20, le vieux 14 à 16). Son pouls va de quatre-vingt-dix à cent pulsations à la minute (le jeune cent dix à cent vingt, le vieux soixante à quatre-vingt). Il se prend à la face interne de la cuisse[14] .

Sens

Le cerveau des chiens est d'assez petite taille, puisqu'il ne pèse, en moyenne, que les deux tiers de celui du loup. En revanche, il possède des sens très développés.

Chien regardant son reflet dans une glace

- Le sens de l'odorat, en moyenne 35 fois plus développé chez le chien que chez l'Homme, varie toutefois beaucoup en fonction de la race. Sa membrane olfactive mesure 130 cm^2 (contre 3 cm^2 chez l'homme). À noter que ce sens est discriminant (le chien est capable de déceler et de suivre une odeur précise parmi une multitude d'autres odeurs, même si celle-ci est en proportion infime), capacité largement utilisée par l'Homme pour les recherches de drogues, explosifs, personnes disparues, chasse, etc.
- L'ouïe est aussi un sens très précis : le chien est capable d'entendre des sons inaudibles pour l'homme (ultrasons). De plus, les oreilles du chien peuvent s'orienter vers une source sonore en pivotant grâce à de nombreux muscles, ce qui leur permet une grande précision dans la localisation sonore.
- La vision du chien est meilleure la nuit, car, même s'il distingue mal les couleurs (son spectre visuel va seulement du jaune au bleu) et les détails, il possède une surface réfléchissante derrière la rétine (le "tapetum lucidum"), qui renvoie la lumière et donne un effet d'yeux brillants dans l'obscurité. Le champ de vision du chien est d'environ 250 degrés.
- Le toucher est en revanche peu perfectionné chez le chien. Ce dernier fera la différence entre une caresse et une correction, la chaleur et le froid, mais de façon limitée.
- De même, le goût est peu développé puisque son rôle, relativement limité, est compensé par un odorat fin.

Races et morphologies

L'étude des chiens et des races de chiens est appelée cynologie.

La Fédération cynologique internationale reconnaît 335 races. C'est elle qui définit les « standards », c'est-à-dire l'ensemble des caractéristiques définissant une race. On distingue plusieurs catégories de chiens, selon leur morphologie générale :

Diverses races de chien : 1-Berger allemand, 2-Colley, 3-Spitz, 4-Dobermann, 5-Airedale Terrier, 6-Irish Terrier **(en)**, 7-Caniche, 8 et 9-Pinscher allemand, 10-Loulou de Poméranie, 11-Bichon maltais

- Les molossoïdes sont des chiens au museau plus ou moins court et à la tête plutôt ronde ; molosses et chiens de type montagne. Certains proviennent des montagnes d'Asie.
- Les lupoïdes ont une tête « pyramidale » et des oreilles droites en général ; chiens de berger, terriers, chiens de type spitz et primitif. Ils proviennent du nord de l'Europe.
- Les braccoïdes possèdent un museau long carré et des oreilles tombantes ; chiens de chasse sauf terriers, lévriers et primitifs. Ils proviennent du nord de l'Europe également.
- Les vulpoïdes ont une épaisse fourrure, les oreilles pointues et la queue enroulée et dirigée vers le dos du chien ; le husky sibérien, le spitz allemand et le samoyède sont des vulpoïdes. Il proviennent des pays nordiques.

- Les bassetoïdes sont de petite taille et bas; le basset hound est le bassetoïde le plus connus. Ils proviennent de la France.
- Les graïoïdes ont une longue tête dolichocéphale, un corps fin et une poitrine descendue. Ils proviennent du Proche-Orient.

Ces catégories sont elles-mêmes divisées en dix groupes basés sur la morphologie et l'utilisation des chiens.

Albinisme chez le chien

Parfois, il leur arrive que certains chiens naissent d'une façon albinique, c'est-à-dire avec une fourrure entièrement blanche et des yeux en principe clairs, ou vert, bleu, blanc, mais aussi rouge (rare pour le chien albinos).

Soins

Alimentation

Comme pour tout animal domestique, il faut veiller à mettre de l'eau à disposition, jour et nuit, et en quantité suffisante. Idéalement, pendant les repas, il faudrait empêcher l'accès à l'eau car son ingestion avec la nourriture rend cette dernière plus difficile. On pourra la rendre accessible environ un quart d'heure après la fin du repas.

Dans la nature, le chien sauvage est avant tout un charognard[15] . Le chien domestique est un carnivore à tendance omnivore[16] ; cependant il est parfois considéré comme étant réellement omnivore, du fait de son comportement opportuniste. La moitié de son alimentation devrait être constituée de viandes[17] . Les aliments du commerce font l'objet de contrôles et sont adaptés aux différents stades de vie de l'animal

Vidéo au ralenti d'un berger blanc suisse lapant.

(chiot, adulte, senior). Toutefois, il est possible de composer soi-même un repas équilibré et adapté aux besoins d'un animal. Pour cela, il est judicieux de demander conseil à un vétérinaire[18] .

Certaines céréales et légumes sont pratiques car ils contiennent des fibres qui permettent, en quantité appropriée, une bonne digestion. Le tube digestif du chien est par contre mal adapté aux légumes fermentescibles comme les haricots blancs, les haricots rouges, les lentilles et les oignons. Même si le chien peut se permettre de manger plusieurs catégories d'aliments (viandes, poissons, légumes…), certains se révèlent être de véritables dangers pour lui.

Les propriétaires sont souvent tentés de donner des os à leur chien, mais il faut savoir qu'il y a un risque (faible) qu'ils se fractionnent en petits morceaux pointus et causent des lésions lors de l'ingestion (ex: perforation ou lacération de l'œsophage, de l'estomac ou de l'intestin). Mais le plus souvent, les os forment une espèce de sable aggloméré dans la lumière de l'intestin provoquant une constipation sévère accompagnée de douleurs abdominales intenses (coliques). Certains chiens, habitués à en manger, gèrent très bien leur consommation d'os, d'autres non. Certains os (poulet, lapin, côtelette) sont plus dangereux que d'autre. Les os mal nettoyés (avec beaucoup de tendons et ligaments) provoquent des indigestions. Enfin, il faut reconnaître que les os occupent positivement un chien (il vaut mieux qu'il ronge un os que les pieds de table) et que le travail de mastication est positif pour l'hygiène buccale.

C'est pareil pour les bouts de bois que le chien à tendance à ronger[19] .

Des friandises peuvent être offertes avec parcimonie en récompense à cet animal plutôt gourmand. Nous ne sommes plus ici à proprement parler dans le cadre strict de l'alimentation: une récompense devrait n'être réservée que dans un contexte d'apprentissage (Application d'un stimulus dans le cadre d'un apprentissage animal), dans le cas contraire cela peut être source de dérive comportementale (obésité, vol et troubles hiérarchiques).

Le chocolat contient de la théobromine, substance mal tolérée par les chiens : des doses faibles (deux grammes suffisent pour les plus petits), peuvent leur être mortelles[20] .

Pour un chiot, les repas devront être donnés quatre fois par jour, car comme pour un bébé, leur estomac est plus petit et la digestion se fait plus vite. À six mois, on pourra descendre les repas à trois, et adulte, un à deux repas seront suffisants.

Reproduction

La chienne, qui n'accepte le mâle que pendant sa période d'ovulation, est en chaleur deux fois par an. Toutefois, ce rythme n'est qu'une moyenne, les chaleurs pouvant se produire, selon les races, avec cinq à neuf mois d'intervalle. Chez les races les plus primitives et chiens-loups, la femelle n'est en chaleurs qu'une fois par an, comme la louve.

La gestation dure entre cinquante-neuf et soixante-trois jours. L'alimentation sera modifiée le deuxième mois, idéalement sur les conseils d'un spécialiste.

Quelques jours avant la mise bas, qui dure en moyenne 10 heures, la

Chienne avec chiots

femelle prépare un endroit et s'agite. Le vétérinaire peut éventuellement être prévenu, afin d'être disponible en cas de complications. Lors de la mise bas, la chienne s'occupe des chiots au fur et à mesure de leur arrivée, coupant le cordon ombilical et mangeant le placenta : ceci est nécessaire à la lactation.

Les portées peuvent être nombreuses (suivant la race), allant de 2 à 12 chiots. Le propriétaire est responsable de chacun des chiots nés : il a le devoir de s'en occuper ou de leur trouver un foyer. Dans les faits, à travers le monde, y compris dans les pays dits industrialisés, beaucoup de chiots sont euthanasiés ou simplement tués s'il ne leur a pas été trouvé de raison d'être, de fonction à leur existence. Il est souvent difficile de placer chacun des nouveau-nés, c'est pourquoi certaines sociétés recommandent la stérilisation chirurgicale.

Usages lors de la cession d'un chiot dans le milieu de l'élevage en France

Pour ce qui concerne la descendance de l'étalon, le possesseur de l'étalon n'a pas le droit, vis-à-vis du propriétaire de la lice, à des dédommagements autres que ceux prévus pour la saillie. Il n'a aucun droit de se faire remettre un chiot sauf si le propriétaire de l'étalon désire en garder un pour son propre élevage, sous condition de ne pas le vendre.

Lorsque les parties se sont mises d'accord pour la remise d'un chiot en tant qu'indemnité pour la saillie, cet accord doit être formulé par écrit et avant la saillie. Dans un tel accord, les points suivants doivent être formulés et respectés :

- Le moment du choix du chiot par le propriétaire de l'étalon (le premier choix lui appartenant).
- Le moment de la remise du chiot au possesseur de l'étalon.
- Le moment à partir duquel le droit au choix par le possesseur de l'étalon est irrévocablement passé.
- Le règlement des frais de transport.
- Les accords spéciaux pour le cas où la lice ne met bas que des chiots mort-nés ou qu'un seul chiot vivant ou pour le cas où le chiot choisi viendrait à décéder avant la remise.

Maladies et vaccinations

Dans certains pays, les chiens de compagnie, de travail, de chasse sont référencés, afin d'assurer leur santé et leur protection. Vermifugations et vaccinations font partie du suivi médical de base des animaux, qui doivent posséder papiers et carnet de santé mis à jour lors des visites par le vétérinaire. Ces formalités, importantes pour la santé du chien, le sont aussi lorsqu'il s'agit de le faire voyager. Les obligations varient d'un pays à l'autre, mais la rage reste en général une maladie grave pour laquelle le vaccin est requis.

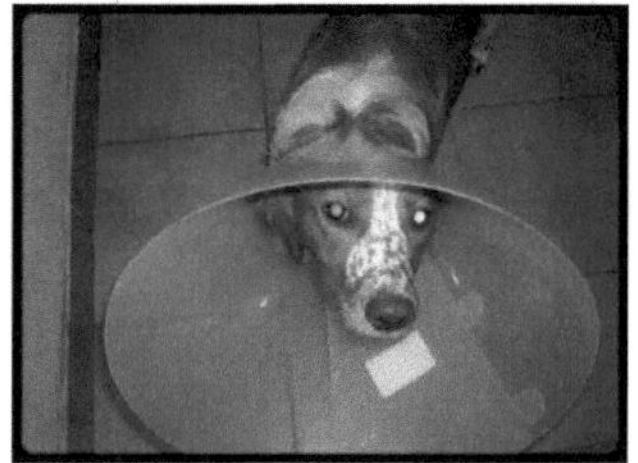
Chien avec une collerette l'empêchant de toucher ses plaies

Les vermifuges délivrés par les vétérinaires visent à éliminer les parasites internes (vers intestinaux) dont les chiens pourraient être porteurs et victimes.

Dipylidium caninum est un ténia de taille moyenne, parasite habituel du chien, qui détermine un tæniasis : la dipylidiose.

Les parasites internes sont peu spécifiques, comme les parasites intestinaux que ce soient les ténias ou ascaris, les coccidies, les trichuris, ou d'autres causes de maladies comme la gale auriculaire, la démodécie, la toxoplasmose, la dirofilariose, les ankylostomes, la douve du foie, la Giardiose. La giardose du chien est fréquente en France, touchant les animaux de tout âge, avec une prévalence plus élevée chez les jeunes qui sont plus sensibles à la contamination fécale et sont immatures au plan immunologique.

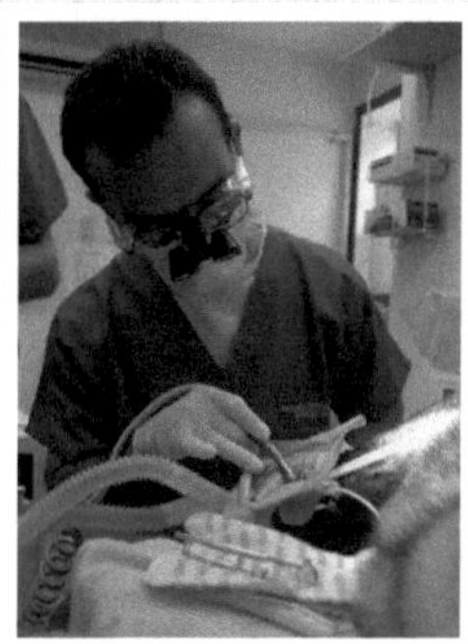
Dentiste pour chien (U.S.Navy)

Un chien en bonne santé possède une truffe humide. La propreté corporelle (arrière-train, pattes, pelage, etc.), assurée par le chien, en est également le signe. L'haleine ne doit pas être nauséabonde (caries éventuelles). La température normale du chien oscille entre 38 et 39 °C, en fonction de la race et de l'activité. Son rythme cardiaque est d'environ 90 à 120 pulsations par minute, pour environ 20 mouvements respiratoires dans ce temps.

Si la température du chien s'élève à plus de 39 °C, c'est que le chien est certainement malade. Pour prendre sa température on peut utiliser un thermomètre légèrement lubrifié. Le chien malade ne pouvant pas clairement s'exprimer, c'est au propriétaire du chien de prêter attention aux éventuels symptômes, manifestations et comportements inhabituels. Pour savoir si l'animal est malade, il ne faut pas hésiter à observer son comportement, par exemple, s'il ne mange plus, ou ne souhaite pas sortir se promener, ou bien encore jouer à son jeu favori s'il est de nature joueuse. Il faut penser à observer aussi ses selles, s'il a la diarrhée, des vomissements, du mal à se déplacer ou bien encore gémit, il ne faut pas hésiter à aller voir un vétérinaire.

Les principales maladies infectieuses chez le chien sont la maladie de Carré, la maladie de Rubarth, la leptospirose, et la parvovirose. Ces maladies peuvent faire l'objet de vaccinations, et nécessitent une prise en charge par un vétérinaire. Le chien peut aussi souffrir d'affections telles que des problèmes digestifs, cardiaques ou urinaires.

Parasites

Le brossage, en particulier pour les chiens à poil long, permet d'éliminer les poils morts. Il permet aussi de repérer la présence éventuelle de parasites externes, tels que les tiques ou les puces. La puce la plus fréquente chez le chien est en fait la puce du chat *Ctenocephalides felis*. Ces parasites, responsables de démangeaisons intempestives, peuvent entraîner allergies, chutes de poils, et irritations de la peau du chien. Ils doivent donc être éliminés selon les conseils d'un vétérinaire ou de son expérience propre.

Quand le chien a des puces il faut les détruire sur le chien mais aussi à l'endroit où il dort, car elles peuvent aussi aller se loger dans les fissures du sol près de son logement. Un nettoyage à fond sera donc nécessaire.

Les tiques sont plus faciles à éliminer. Elles peuvent être enlevées avec une pince à épiler mais il faut avoir un certain tour de main. Cependant, si une tique est mal retirée, sa « trompe » peut rester coincée dans la peau du chien et entraîner inflammation et infection. Il existe cependant de petits appareils spécialement conçus pour retirer les tiques en toute sécurité.

En cas de nécessité, un shampooing adapté peut être utilisé pour laver l'animal.

En revanche il ne faut laver le chien que très rarement voir jamais car des bains fréquents peuvent irriter la peau de l'animal et lui provoquer de l'eczéma. Les yeux et les oreilles peuvent aussi être nettoyés mais avec grande précaution. Pour les pattes, vérifier régulièrement ou en cas de boiterie, afin d'éviter qu'un corps étranger (épine, clou…) ne cause des lésions entre les coussinets. Idéalement, vermifuger les chiens, car ceux-ci peuvent avoir des vers intestinaux. La prise de comprimés ou autres formes, permet d'éviter et de supprimer ces vers. Si le chien côtoie des populations de tiques, de puces et autres, on peut lui appliquer le traitement adéquat. Les traitements peuvent être prescrits par un vétérinaire.

Activités, jeux, travail, sorties

Les chiens, en particulier les plus grands, les plus musclés (Terre-Neuve, Boxer, etc.) et les plus vifs (Berger des Pyrénées, terriers, etc.) ont besoin d'espace et d'activité musculaire: jeu, travail, etc.

À défaut d'un jardin où l'animal pourrait rester autant de temps qu'il le souhaite, celui-ci à besoin de « sortir » au moins quatre fois par jour (une fois toutes les six heures environ) pendant une vingtaine de minutes environ, pour se « dépenser », mais aussi et surtout pour éviter les infections urinaires, dues généralement à une trop longue stagnation de l'urine dans la vessie. Si l'animal ne peut être détaché parce qu'il s'enfuit, une longue laisse est adaptée.

Promeneur de chien à Paris

Cette moyenne de quatre sorties par jour augmentera en cas de risque aggravé d'infection urinaire. C'est le cas notamment pour certaines races de chiens, comme les bergers allemands (susceptibles de nombreux problèmes rénaux) ou lorsque le chien a accès à des aliments non recommandés (voir alimentation).

Si l'animal a accès à un jardin ou tout autre espace, une sortie quotidienne d'une durée d'environ une heure (plus ou moins selon le chien, sa race, son âge, etc.) est idéale.

Le meilleur compagnon du chien reste, à défaut de l'Homme, un autre chien. Cependant, les réactions des chiens entre eux sont imprévisibles et nécessitent un temps d'observation de la part des propriétaires en cas de rassemblement. Le chien est un animal social et de contact. La solitude est une souffrance pour lui. Il a aussi toujours besoin de rencontres avec ses congénères. Il est fréquemment en recherche de partenaires que ce soit pour le jeu, le toilettage mutuel, et la reproduction.

Le marquage du territoire est un acte d'une grande importance. Le chien a besoin de flairer ses propres traces, celles de ces congénères et d'en déposer de nouvelles. Le jeu ou le travail sont primordiaux pour l'équilibre psychologique même chez le chien adulte, car il permet d'évacuer des tensions accumulées.

Éducation

L'apprentissage peut être très long et peut demander des années dans certains cas spécifiques : chien d'aveugle, d'assistance, policier, de troupeau etc. L'éducation fait aussi partie de la santé de l'animal domestique : l'autorité du propriétaire doit être établie dès que possible et la socialisation permet d'intégrer le chien au sein d'une famille avec enfants et/ou autres animaux domestiques.

Comme pour tout apprentissage, il n'y a pas méthode unique efficace dans toutes les situations, mais une large palette de moyens d'apprentissage : à chaque maître de trouver celle qui fera le mieux comprendre au chien ce qu'on attend de lui.

Dressage d'un Berger de Beauce

De plus, bien que certaines races de chiens soient plus calmes que d'autres, le comportement d'un chien dépend toujours de l'éducation et de l'attention qu'il aura reçues. Cependant, un chien gardera sa part d'instinct et de prédateur.

Dans certains pays, comme tout animal domestique, les chiens ont droit à la santé et à la protection ce qui implique que les propriétaires aient des devoirs et responsabilités envers eux et vis-à-vis de la sécurité d'autrui. En France, les mauvais traitements envers les animaux sont pénalisés, ainsi que leur trafic, par des peines d'amendes. Un décret[21] impose depuis 2008 une évaluation comportementale des chiens. En Suisse, les propriétaires de chiens doivent suivre une formation.

Rôle et place du chien dans la société

Leur rôle le plus général semble bien d'être avec l'homme. L'homme aime bien avoir des chiens près de lui. Ceci est probablement dû à la fois à la psychologie humaine et à la psychologie canine. Également, le besoin des aptitudes naturelles des chiens dans des activités nourricière, de garde, de chasse, de recherche sont incontournables.

Statistiques de population canine

Nombre de chiens par pays[réf. nécessaire].

- Afrique du Sud : 9,1 millions (**1 pour 5 habitants**)
- Allemagne : 5,1 millions (1 pour 16 habitants)
- Australie : 4 millions (**1 pour 5 habitants**)
- Brésil : **34 millions** (1 pour 6 habitants) en 2010[22]
- États-Unis : **61 millions (1 pour 5 habitants)**
- France : 7,8 millions de chiens (1 pour 8 habitants) en 2008[23].
- Inde : 440000 (1 pour 2609 habitants)
- Indonésie : 1,3 million (1 pour 20 habitants)
- Italie : 7 millions (1 pour 9 habitants)
- Japon : 9,6 millions (1 pour 13 habitants)
- Malaisie : 1,5 million (1 pour 17 habitants)
- Nouvelle-Zélande : 440000 (1 pour 9 habitants)
- Pologne : 7,5 millions (**1 pour 5 habitants**)
- République populaire de Chine : **22 millions** (1 pour 62 habitants)
- Royaume-Uni : 6 millions (1 pour 10 habitants)
- Russie : 9,6 millions (1 pour 15 habitants)
- Thaïlande : 6,9 millions (1 pour 9 habitants)

Auxquels il faut ajouter les chiens errants ou chiens parias, redevenus plus ou moins sauvages par maronnage.

Chiens d'utilité plus spécifique

En dehors du cadre familial, où il aime à se dépenser, partager les jeux et les joies tout en protégeant son foyer en montant la garde, on trouve le chien dans diverses activités aux côtés de l'homme.

Les chiens sont utilisés à de nombreuses tâches, qui font appel à différentes qualités, selon les besoins :

Chiot de race Gos d'Atura, chiens de berger ou de garde

- Depuis longtemps, les chiens de bergers sont les auxiliaires des gardiens de troupeaux (bergers) là ou ils se trouvent.
- Au XIXe siècle, des chiens, appelés *chiens de charrette*, étaient utilisés, notamment en France, en Belgique et aux Pays-Bas, pour tracter la petite charrette des livreurs de lait ; cette pratique est aujourd'hui interdite.
- Les chiens de races reconnues pour leur résistance et leur endurance peuvent être utilisés comme *chien d'attelage*, de *sauvetage* et d'*assistance.*
- Ceux dont les capacités, d'attention, d'obéissance et de flair sont appréciées, aident les chasseurs (*chien de chasse*), les chiens chercheurs de truffes auxiliaires des caveurs (*chien truffier*), ou encore les forces de police dans la lutte anti-drogue (*chien de détection*) et la recherche de personnes (*chiens pisteurs*, comme les bergers allemands).
- Le *chien de garde* doit être à la fois agressif et obéissant.
- Certains chiens sont dressés afin d'aider les personnes handicapées, et notamment les personnes non voyantes (*chien guide d'aveugle, comme les labradors).*
- Ceux enfin suffisamment curieux, joueurs, complices avec leur maître, peuvent être chien de cirque, chien acteur de cinéma, chien de sport ou de loisirs.
- On utilise aussi les chiens en temps de guerre, l'exemple le plus connu étant celui des *chiens anti-char.*
- Aujourd'hui, l'armée française emploie un certain nombre de chiens militaires. Ils sont des aides très efficaces pour la recherche d'explosifs (des opérations ont été menées pour la recherche de mines anti-personnelles, de stupéfiants, pour la détection d'intrus dans les locaux de la défense). Du personnel hautement qualifié forme chaque année des équipes cynégétiques. Le maître-chien militaire doit instaurer avec son partenaire canin une complicité résistant à toute épreuve dans les pires situations. Il doit maîtriser l'ensemble des techniques permettant de transporter le chien en montagne, comme sur mer (faire du rappel avec son chien, mais également faire des sauts en parachute avec son chien, etc.). Le Berger Belge Malinois est un chien très apprécié pour son tempérament rusé, sa vivacité et sa perspicacité.
- Les chiens, principalement des beagles, sont également utilisés pour la recherche scientifique. En France, cet usage est réglementé par le décret de 1987[24] : la fourniture de chiens pour les laboratoires est légale, comme l'expérimentation animale, pourtant de nombreuses associations s'insurgent contre ces pratiques. Au Canada, les conditions d'expérimentation sont notamment définies par le Conseil canadien de protection des animaux[25].
- La zoothérapie fait parfois appel à des chiens pour aider à résoudre des problèmes comportementaux chez l'enfant[26].

Alimentation humaine

Cette section **ne cite pas suffisamment ses sources**. Merci d'ajouter en note des références vérifiables ou le modèle {{Référence souhaitée}}.

Dans certaines civilisations, on mange de la viande de chien. Le chow-chow et les chiens nus américains (chien nu mexicain et chien nu du Pérou), en particulier, sont des races sélectionnées spécifiquement comme source de viande.

Aussi, certains pays comme la Chine sont le théâtre d'un trafic de chiens, détenus et utilisés dans des circonstances qualifiées d'inhumaines par les associations de défense des animaux, qui s'insurgent contre leurs pratiques.

Le chien est utilisé dans l'alimentation humaine, ou a été utilisé, sur pratiquement toute la planète, sauf pour les musulmans. Il est cependant culturellement mal vu de consommer du chien en Europe et aux États-Unis ainsi qu'au Canada depuis quelques décennies. Certains États des États-Unis en interdisent explicitement sa consommation.

Services pour les chiens

La société s'adapte à la présence des chiens au sein des familles et de villes. Ainsi, de nombreuses structures spécialisées ont vu le jour afin de répondre aux besoins des compagnons et de leurs maîtres.

- *Dressage* et *éducation* : Des centres d'éducation permettent aux propriétaires d'obtenir des conseils auprès de spécialistes. Ces centres proposent en général des « cours » dans lesquels les chiens apprennent les ordres de base.
- *Soins* : Les cabinets vétérinaires permettent un suivi médical des animaux. De plus, comme il existe des médecins de garde, il existe des vétérinaires de garde pour faire face aux urgences.
- *Toilettage* : En plus des boutiques spécialisées dans le soin pour les « concours de beauté canins », certaines animaleries offrent un service de lavage et mise en beauté des animaux de compagnie.
- *Massage* : adaptation des techniques bénéficiant aux humains.
- *Transport* : Les réseaux ferroviaires et aériens proposent aussi des solutions pour que les animaux puissent suivre leurs maîtres lors de voyages ou déménagements.
- *Garderie* : Outre les établissements spécialisés, le « *dog-sitting* », qui consiste en un placement en « famille d'accueil » pendant les déplacements des propriétaires, permet d'éviter de nombreux abandons à la veille des vacances.
- *Refuges* : Trop souvent surchargés, ils sont les derniers refuges des animaux abandonnés, perdus, victimes de maltraitance, ou simplement dans l'attente d'un nouveau maître.
- Comportementaliste : Le métier de comportementaliste permet d'analyser les interactions homme/animal et ainsi aide les propriétaires à régler les différents problèmes de comportement.

Problèmes liés aux chiens

Problème des déjections canines en ville

Les problèmes liés aux déjections canines peuvent être un défi pour les service de propreté urbaine. Par exemple, la population canine parisienne produit à elle seule 16 tonnes de déjections par jour[27] . Ce problème peut nécessiter des solutions adaptées en termes de propreté urbaine. Des *moto-crottes* ont été créées dans les années 1990 à Paris pour ramasser les déjections canines, en plus d'espaces dédiés. Des campagnes de communication tentent d'avertir les propriétaires des problèmes provoqués par les déjections canines. De nombreuses villes ont mis en place des systèmes de distribution de sacs en plastique pour permettre aux propriétaires de ramasser les déjections de leurs animaux.

Problème des chiens errants

Les chiens errants ou chiens parias, redevenus plus ou moins sauvages par maronnage, sont localement sources de dégâts dans les troupeaux ovins et de morsures d'humains (ex : Gurgaon (Inde) environ 50 morsures dues à des chiens errants sont enregistrées chaque jour[28]), qui peuvent contribuer à disséminer la rage ou d'autres infections. Alors que dans les pays occidentaux les chiens errants sont placés en fourrière et la vaccination est généralisée, de nombreux pays en développement ne disposent pas de moyens de régulation des populations canine.

Chien errant

Normalisation des noms de chiens

Il existe un système de normalisation dans les différents pays du Monde. Il s'agit d'une formalité universelle qui doit être respectée pour le chien de race, pour peu que son maître ait l'intention de l'inscrire à des concours canins officiels.

Nom des chiens en France

En France, une règle impose que tous les chiens descendant de deux parents inscrits au LOF et de ce fait titulaires du « certificat de naissance et d'inscription provisoire au LOF au titre de la descendance » qui naissent une même année portent des noms commençant par la même lettre. Cette règle a été instaurée pour mettre de l'ordre dans le « Livre des origines français » ou LOF, registre d'état civil canin depuis 1885.

Durant longtemps, les propriétaires n'étaient pas contraints de déclarer rapidement leur animal et certains le faisaient même plusieurs années après la naissance. De ce fait, le fichier national était vite devenu un véritable casse-tête lors des consultations puisque les chiens n'étaient pas inscrits dans l'ordre chronologique de la date de leur naissance.

En 1926, la Société centrale canine, chargée de tenir à jour le registre « LOF », met en place un premier système de lettrage pour simplifier la consultation. Tous les chiens nés une même année doivent porter dorénavant un nom dont la première lettre est celle choisie pour l'année en cours : « A » en 1926, « B » en 1927, etc. (le « Z » fut exclu). Cependant de 1948 à 1952, de nombreux propriétaires se sont insurgés contre ce système qui leur imposait les lettres « W », « X » ou « Y », car elles offraient trop peu de possibilités de noms, ce qui eut pour conséquence qu'en 1952 un chien sur quatre portait le nom de « Zorro ».

Finalement, en 1973, la Société centrale canine supprima définitivement les lettres jugées difficiles « K », « Q », « W », « X » ou « Y », réduisant à vingt l'alphabet des noms canins. Cette année-là, on choisit la lettre « J »[29] .

En 2012, la France en est actuellement à la lettre H.

Nom des chiens dans les autres pays francophones

Dans les principaux pays francophones, les chiens nés en 2008 doivent posséder un nom commençant respectivement par les lettres suivantes[30] :

- Belgique : la lettre H[31]
- Québec (Canada) : la lettre U [6]
- Suisse : en ce qui a trait à la Suisse, le nom ne tient pas compte de l'année, mais bien de la portée dans un élevage donné. Les chiens de la première portée se voient attribuer la lettre A, ceux de la seconde portée la lettre B et ainsi de suite.

Législation

Contexte règlementaire

Cette section est vide, insuffisamment détaillée ou incomplète. Votre aide [32] est la bienvenue !

Tout récemment, l'État a profondément modifié l'organisation sous sa tutelle de la tenue des livres généalogiques ou registre zootechniques des races des espèces canines et félines.

Les dispositions de l'article L. 653-3 du Code Rural organisant sous la tutelle de l'État la tenue des livres généalogiques ou registre zootechniques des races des espèces équine, asine, bovine, ovine, caprine et porcine ne **concernent plus les espèces canines et félines**.

La LOI n° 2011-525 du 17 mai 2011 de « simplification et d'amélioration de la qualité du droit », par son article 33 a exclut de ces dispositions ces deux espèces, privant ainsi de fondement les décrets et arrêtés précisant les conditions d'octroi et de retrait d'agrément des organismes de sélection, ainsi que leurs missions.

La situation crée par cette réorganisation peut se résumer par deux conséquences :

- La tenue de livres généalogiques dans les espèces canines et félines ne s'exerce plus dans la situation de **monopole** régalien justifiée jusque là par les prérogatives que se réservait la puissance publique.
- Les activités relatives à la tenue de livres généalogiques dans les espèces canines et félines ont désormais un **caractère privé** et ne constituent plus une délégation de service public à caractère administratif.

Identification et vaccination

Cette section est vide, insuffisamment détaillée ou incomplète. Votre aide [32] est la bienvenue !

En Europe, l'identification des carnivores domestiques par puce sous-cutanée électronique ainsi que la vaccination contre la rage sont obligatoires pour passer les frontières[33] .

En France l'identification et la vaccination contre la rage sont obligatoires pour aller sur certaines îles (dont la Corse) ou pour les importations[34] . L'identification sur le territoire français n'est obligatoire dans les départements déclarés touchés par la rage[35] .

Chiens dangereux et divagation

Cette section **ne cite pas suffisamment ses sources**. Merci d'ajouter en note des références vérifiables ou le modèle {{Référence souhaitée}}.

Au Québec

Au Québec, en matière de morsures et d'agression chez le chien la tendance est la discrimination[36] de certaines races dites puissantes, féroces ou dangereuses (pitbull, berger allemand, husky) parce que leur morsure va causer des dommages physiques et psychologiques chez l'humain. La gueule est plus puissante, le chien plus gros et plus fort, le dommage sera visible. Il est important de préciser que les petites races nerveuses mordent beaucoup plus souvent l'humain et comme ils sont plus petits le dommage est moins grand ou imperceptible donc ne génèrent pas de plainte [37] ou ne laisse pas de cicatrice. La sociabilisation et l'éducation en bas âge est un facteur majeur qui influence le comportement du chien qu'importe sa race [38] . Le chien pourrait représenter un danger pour l'humain s'il a subi un traumatisme (accident d'automobile), s'il est dans une phase post-épileptique (ne reconnait pas encore son maître), s'il est vieux (sénilité)[39] , souffrant (maladies) ou errant.

En France

En France, la loi distingue les races ou types de chiens considérés comme susceptibles d'être dangereux et les autres races de chiens qui doivent respecter des règles moins strictes. Les chiens susceptibles d'être dangereux sont classés par catégorie.

Les chiens susceptibles d'être dangereux de première catégorie (chiens d'attaque) sont les chiens de type « pitbull », « boerbull » ou « assimilable Tosa », soit :

- Type pitbull : chiens assimilables par leurs caractéristiques morphologiques aux chiens de la race Staffordshire Terrier ou American Staffordshire Terrier sans être inscrits au LOF
- Type boerbull : chiens assimilables par leurs caractéristiques morphologiques aux chiens de race Mastiff, sans être inscrits au LOF
- Assimilable Tosa : les chiens assimilables par leurs caractéristiques morphologiques aux chiens de race Tosa, sans être inscrits au LOF

Les chiens susceptibles d'être dangereux de deuxième catégorie (chiens de garde et de défense) sont :

- les chiens de race Staffordshire Terrier, inscrits au LOF
- les chiens de race American Staffordshire Terrier, inscrits au LOF
- les chiens de race Tosa, inscrits au LOF
- les chiens de race Rottweiler, inscrits au LOF ainsi que les chiens assimilables par leurs caractéristiques morphologiques aux chiens de la race Rottweiler, non inscrits au LOF

Depuis le 1er janvier 2010, tout propriétaires d'un chien de première ou deuxième catégorie, d'un chien ayant mordu ou bien qui pourrait représenter une menace, doit posséder un permis chien. Il est pour cela impératif de suivre une formation pour être déclaré apte à détenir un chien dit « dangereux ». De plus, le maître soumet son chien à une évaluation comportementale exercée par un vétérinaire comportementaliste agréé. L'examen permet d'évaluer le risque et la dangerosité du chien et les mesures à prendre. Ce contrôle permettra de détecter tout trouble du comportement chez l'animal[40] .

La divagation est interdite et passible de mise en fourrière[35] . Cependant un chien en action de chasse, de garde ou de protection de troupeaux est exclu de la législation sur la divagation.

Hormis le cas d'une action de chasse, de la garde ou de la protection du troupeau, pour que le chien ne soit pas considéré comme en divagation, son propriétaire ou la personne qui en est responsable est tenu [41] :

- soit de garder le chien sous sa surveillance effective,
- soit de maintenir le chien à portée de voix ou de tout instrument sonore permettant son rappel,
- soit d'être éloigné du chien d'une distance de moins de cent mètres.

Aux États-Unis d'Amérique

Cette section est vide, insuffisamment détaillée ou incomplète. Votre aide [32] est la bienvenue !

Élevage de chiens en Chine, et nouvelle règlementation européenne

Dans certains pays, les fourrures du chien et du chat font l'objet d'une demande importante dans les industries de la mode. De nombreuses associations de protection des animaux condamnent cet usage des chats[42] . Elle est désormais interdite d'importation et d'exportation en Europe à partir de janvier 2009[43] ,[44] .

Les mesures prises par l'Europe dans ce domaine visent à mettre fin aux abus constatés dans le commerce des fourrures, en particulier en provenance des pays asiatiques, dont l'étiquetage est souvent mensonger (fourrure de chat ou de chien importée sous d'autres désignations, comme fourrure synthétique, par exemple). Ces pratiques seraient en particulier le fait de la Chine, qui se livrerait à l'élevage des chiens et des chats pour faire le commerce de leur fourrure à grande échelle[45] .

Comme l'a déclaré à cette occasion Markos Kyprianou, commissaire européen à la santé et à la protection des consommateurs :

> « Le message transmis par les consommateurs européens est on ne peut plus clair. Ils estiment qu'il est inacceptable d'élever des chats et des chiens pour leur fourrure et ils refusent que des produits contenant ces fourrures soient vendus sur le marché européen. L'interdiction à l'échelle communautaire que nous proposons aujourd'hui signifie que les consommateurs auront la certitude de ne pas acheter, par mégarde, des produits contenant de la fourrure de chat et de chien[45] . »

D'après des enquêteurs de PETA-Allemagne, qui ont conduit une enquête en Chine du sud, les chiens et les chats feraient l'objet en Chine d'un commerce très important, dans des conditions particulièrement choquantes[46] :

- tout d'abord, les chiens et chats, entassés à vingt dans des cages grillagées, seraient transportés ainsi par camion, chaque camion regroupant dans ces cages plus de 800 animaux, souvent blessés et affolés. Toujours selon la PETA, le trafic toucherait des millions de chiens et chats, pour se procurer leur fourrure ;
- les cages seraient déchargés des camions en les jetant à terre sans aucune précaution, parfois de plus de trois mètres de haut, fracturant les pattes des animaux. Ceux-ci seraient dans un certain nombre de cas des animaux volés, car portant un collier ;
- enfin, les peaux de ces chiens et de ces chats feraient fréquemment en Chine l'objet d'un étiquetage mensonger, générant pour le consommateur occidental le risque d'acheter sans le vouloir des vêtements en peau de chat ou de chien.

La nouvelle règlementation européenne interdit la mise sur le marché, l'importation dans la Communauté et l'exportation depuis cette dernière de fourrure de chat et de chien et de produits en contenant, à compter du 31 décembre 2008. Elle prend en compte les fraudes à l'étiquetage identifiées de la part de pays tiers en se dotant des moyens de détection nécessaires. Selon le règlement (CE) n° 1523/2007 du Parlement européen et du Conseil du 11 décembre 2007[44] :

- « les États membres doivent, avant le 31 décembre 2008, informer la Commission des méthodes de détection de fourrure qu'ils utilisent pour déterminer l'espèce d'origine de la fourrure (par exemple la spectrométrie de masse MALDI-TOF) » ;
- « la Commission peut adopter des mesures arrêtant les méthodes analytiques à utiliser dans ce domaine » ;
- « les États membres doivent, avant le 31 décembre 2008, établir des sanctions appropriées pour veiller à ce que l'interdiction soit respectée et notifier ces dispositions à la Commission ».

Il est significatif du contexte de cette affaire que la Communauté précise qu'elle adopte cette règlementation alors même que « le traité ne permet pas à la Communauté de légiférer pour répondre à des préoccupations éthiques »[47] , et que la Commission donne à cette occasion (23 janvier 2006) communication au Parlement européen et au Conseil, « concernant un plan d'action communautaire pour la protection et le bien-être des animaux au cours de la période

2006-2010 [COM(2006) 13 final - Journal officiel C 49 du 28.02.2006] »[44] .

Le chien dans la culture

Symbolique du chien dans les mythes et légendes

Dans la mythologie

Le chien tient une place importante dans la mythologie car il est considéré comme un animal psychopompe. C'est-à-dire qu'il guide les âmes jusqu'au royaume des morts. L'on retrouve le symbolisme du loup initiateur et gardien du royaume des morts chez de nombreux peuples :Égyptiens (Anubis le dieu des morts et conducteur d'âmes, à tête de chien ou de chacal), Grecs (Cerbère le chien monstrueux à trois têtes, gardien des Enfers), Sioux (le loup est appelé « chien de dessous-terre » et le coyote « chien qui rit »), Bantous (le chien délivre les messages des morts au sorcier en transe), Mexicains (Xolotl dieu chien jaune qui accompagna le soleil dans son voyage sous la terre pour le protéger durant la nuit).

Dans la symbolique

Anubis Dieu égyptien des Morts

Chez les Celtes le chien était considéré comme un animal au courage exceptionnel. Qualifier quelqu'un de « chien » dans cette civilisation, était rendre hommage à la bravoure de l'intéressé. Le héros Cuchulainn (chien de Culann) de la mythologie celtique irlandaise en est l'image la plus emblématique. Pour les Chinois, le chien est le onzième des douze animaux qui apparaît dans le zodiaque. Il est dit sensible à tout ce qui touche à l'injustice, intelligent et serviable. Pour les Musulmans le chien a un côté obscur qui en fait un être impur, à l'exception du lévrier qui est considéré comme un animal noble. Cette dualité a valu au chien un certain nombre d'expressions peu flatteuses : « un caractère de chien, un temps de chien, traiter quelqu'un comme un chien, avoir une vie de chien... ». Rares sont les déclinaisons élogieuses telles que « avoir du chien ».

L'on trouve également de nombreuses légendes sur le chien ou son ancêtre le loup : les chiens noirs fantômes du folklore britannique, les loups-garous, les fameuses bêtes du Gevaudan, du Nivernais ou de l'Aubrac, le « méchant loup » du Petit Chaperon Rouge ou des Trois Petits Cochons. Le chien est également à l'honneur au cinéma et à la télévision (Beethoven, Lassie chien fidèle, Belle et Sebastien, Rintintin, Rex...) ou dans la bande dessinée (Milou, Rantanplan, Bill, Idefix, Cubitus, Snoopy, etc.). Il n'est pas oublié dans les romans tels que « le chien des Baskerville », une aventure de Sherlock Holmes, le détective inventé par Sir Arthur Conan Doyle, « Croc Blanc » de Jack London ou « Cujo » de Stephen King.

Dans l'astronomie

Le chien est aussi représenté en astronomie depuis Ptolémée, par les constellations du Grand Chien (Canis Major) qui abrite Sirius l'étoile la plus brillante du ciel, celle du Petit Chien (Canis Minor) qui accueille Procyon, l'étoile se levant juste avant Sirius, et la constellation boréale des Chiens de Chasse (Canes Venatici) dont la découverte est plus récente.

Dans la religion

Les aléas de sa domestication expliquent sans doute l'image ambigüe, tantôt positive ou négative, attachée à cet animal. Si les chiens ont très tôt été domestiqués en Europe occidentale par les Grecs, ils sont restés sauvages dans les régions d'Asie occidentale, de même que les chiens parias en Inde. Les chiens sont ainsi plutôt considérés comme de fidèles compagnons par les Chrétiens, tandis que les Hébreux et l'Islam continuaient à mépriser les chiens sauvages ou marrons rôdant en bandes affamées, volontiers charognards, propageant la rage et copulant à la vue des passants[48] ,[49] .

Ainsi pour un Arabe, la pire injure serait d'être traité de « chien »[48] .

Pourtant le Coran fait peu référence au chien, si ce n'est au chien de chasse : il est considéré comme bon de manger la viande d'un animal tué par un chien domestique après avoir prononcé le nom de Dieu[50] . De même, le chien y est présenté comme un animal fidèle[51] ou présenté comme un réfugié à part entière[52] des Dormants de la Caverne, cachés là car ils étaient persécutés pour leur croyance en Dieu.

Les Hadiths abordent davantage la question du chien. Selon ces récits, Mahomet aurait dit qu'un homme qui donne à boire à un chien assoiffé sera pardonné de ses péchés, il précise qu'il en va de même pour l'aide apportée à tout autre animal[53] . Il aurait également déconseillé aux musulmans de garder dans leurs maisons des chiens appartenant à des races autres que des chiens de chasse, chiens de berger ou chiens de garde pour les terrains (par *les terrains* il faut comprendre *les champs*)[54] .

Une plaisanterie (1882) par Jean-Léon Gérôme représentant un musulman dans son salon soufflant une bouffée provenant du narguilé à son chien, un lévrier arabe

Le Talmud n'approuve pas non plus la détention d'un chien chez soi, où il doit alors être constamment enchaîné. Il est interdit à une veuve de vivre seule avec un chien, de crainte d'être soupçonnée d'avoir des « relations interdites »[48] .

Dans l'iconographie chrétienne, le chien qui est représenté aux côtés des saints a un rôle positif et actif. Par exemple Saint Wendelin est accompagné d'un chien de berger, tandis qu'on attibue à saint Eustache, saint Hubert et saint Julien l'Hospitalier des chiens de chasse. Dans la peinture dominicaine, les chiens ont pour rôle de mettre en fuite des loups, représentant les hérétiques, qui s'attaquent aux brebis, image des fidèles[55] .

Dans l'antiquité greque, le chien est également utilisé lors d'insultes : ainsi, Agamemnon traite-t-il Achille « d'Homme à l'œil de chien, au coeur de cerf »[56] . Le juron préféré de Socrate est *Par le chien*, et se rapporte au dieu égyptien Anubis[57] .

Chiens célèbres réels

- Adeck, le chien de l'animateur Christophe Dechavanne
- Bo, un chien d'eau portugais, actuel *First Dog*, résident à la Maison Blanche avec la famille Obama.
- Baltique
- Balto
- Barry
- Belka et Strelka
- Blondi
- Chiens du programme spatial soviétique
- Greyfriars Bobby
- Hachikō
- Khéops
- Laïka (première chienne dans l'espace)
- Mabrouka
- Mabrouk Junior
- Mabrouk
- Saucisse
- Snuppy

* Stubby

Notes et références

[1] **(en)** Origin of dogs traced (http://news.bbc.co.uk/2/hi/science/nature/2498669.stm), *Science/Nature*, BBC NEWS

[2] Germonpré M., Sablin M.V., Stevens R.E., Hedges R.E.M., Hofreiter M., Stiller M. and Jaenicke-Desprese V., 2009. Fossil dogs and wolves from Palaeolithic sites in Belgium, the Ukraine and Russia: osteometry, ancient DNA and stable isotopes. - Journal of Archaeological Science 2009, vol. 36, no2, pp. 473-490

[3] **(en)** Vilà, C. et al. (1997). *Multiple and ancient origins of the domestic dog* (http://www.mnh.si.edu/GeneticsLab/StaffPage/ MaldonadoJ/PublicationsCV/Science_Dog_Paper.pdf)**[PDF]** *Science* 276:1687–1689. (Ainsi que *Multiple and Ancient Origins of the Domestic Dog* (http://www.idir.net/~wolf2dog/wayne1.htm))

[4] Lindblad-Toh, K, et al. (2005) *Genome sequence, comparative analysis and haplotype structure of the domestic dog* (http://www.nature. com/nature/journal/v438/n7069/abs/nature04338.html) *Nature* **438**, 803–819.

[5] loi sur la généalogie des animaux (http://laws.justice.gc.ca/fr/showdoc/cs/A-11.2//20090206/fr?command=search&caller=SI& search_type=all&shorttitle=gÃ©nÃ©alogie des animaux&day=6&month=2&year=2009&search_domain=cs&showall=L& statuteyear=all&lengthannual=50&length=50), Ministère de l'agriculture du Canada

[6] Club Canin Canadien http://www.ckc.ca

[7] Définitions lexicographiques (http://www.cnrtl.fr/lexicographie/Chien) et étymologiques (http://www.cnrtl.fr/etymologie/Chien) de « Chien » du TLFi, sur le site du CNRTL.

[8] Définition et emploi du mot « chien » (http://www.le-dictionnaire.com/definition.php?mot=chien#).

[9] **(en)** K. Kris Hirst, « Archaeology - Dog History How were Dogs Domesticated? (http://archaeology.about.com/od/domestications/qt/ dogs.htm) » sur *About.com* (http://www.about.com/)

[10] *Лайка* en russe est une appellation générique de chiens originaires du Grand Nord.

[11] Selon la célèbre définition de Ernst Mayr.

[12] « Instruction CITES pour le service vétérinaire de frontière », CITES, 20 décembre 1991.

[13] Dr Brady Barr, *Dangerous Encounters*, National Geographic, 2005 (http://www.youtube.com/watch?v=vbwMs7cjK0Y)

[14] D. et M. Fremy, *Quid 2005*, Éd. Robert Laffont, 2005. Article *Zoologie*, p. 232 a.

[15] message 31 (http://www.gamaniak.com/comment-5172-chien-calmer-bebe.html#118104)

[16] Le chien est-il omnivore? (http://www.gralon.net/articles/sante-et-beaute/sante-animal/article-alimentation-du-chien-476.htm)

[17] Les spécificités du chien - Le chien...Canus Domesticus (http://books.google.com/books?id=jYmRwVJ9aJYC&pg=PA10&lpg=PA10& dq=le+chien+est+considÃ©rÃ©+omnivore+"le+chien+est+considÃ©rÃ©+omnivore"&source=bl&ots=dQU3rwCo3M& sig=iNMMC2C2Uz2q0z-WOu2YKcSUlmA&hl=en&ei=6BphTf2TCsy28QPp3-xZ&sa=X&oi=book_result&ct=result&resnum=1& ved=0CBIQ6AEwAA#v=onepage&q&f=false)

[18] 30 Millions d'Amis Magazine n°277 - septembre 2010 page 20 à 32 : « Nouvelles tendances de l'alimentation : faut-il se laisser séduire ? »

[19] Puis-je donner des os à mon chien ? (http://www.cuisine-a-crocs.com/Quels_aliments_donner_aux_chiens_et_aux_chats_-pg-292.html)

[20] L'intoxication par le chocolat chez le chien (http://www.choco-club.com/vertus-chiens.html).

[21] JORF (http://www.legifrance.gouv.fr/jo_pdf.do?cidTexte=JORFTEXT000019746881) 11 novembre 2008 ; Décret n° 2008-1158 du 10 novembre 2008 relatif à l'évaluation comportementale des chiens prévue à l'article L. 211-14-1 du code rural

[22] Clémentine Vaysse *Tendance − La folie des produits pour animaux de compagnie* (http://www.lepetitjournal.com/societe-saopaulo/ 79538-tendance-la-folie-des-produits-pour-animaux-de-compagnie.html), 30 mai 2011, sur lepetitjournal.com (http://www.lepetitjournal. com/), consulté en nov 2011

[23] Source FACCO/SOFRES 2008

[24] Statut juridique de l'animal (http://www.cons-dev.org/elearning/ethic/EA9.html)

[25] CCPA - Programmes → CCPA, Manuel vol. 2 - 1984 - Chapitre IX : Les chiens (http://www.ccac.ca/fr/CCAC_Programs/ Guidelines_Policies/GUIDES/ENGLISH/V2_84/CHIX.HTM)

[26] Zoothérapie Québec - Dossier: École Charles-Bruneau - Projet d'expérimentation (http://www.zootherapiequebec.ca/index. php?option=com_content&task=view&id=70&Itemid=47)

[27] D. et M. Fremy, *Quid 2005*, Éd. Robert Laffont, 2005. Article *Zoologie*, p. 231 c.

[28] WAMIZ, A Gurgaon en Inde, on déplore 50 morsures de chiens errants par jour (http://wamiz.com/chiens/actu/ a-gurgaon-en-inde-on-deplore-50-morsures-de-chiens-errants-par-jour-1864.html)29/09/11

[29] Les noms des chiens http://www.braquedubourbonnais.info/fr/nom-chien.htm

[30] Votre chien et son dressage (http://www.chien-dressage.org/nom-chien.html)

[31] Société Royale Saint Hubert

[32] http://en.wikipedia.org/wiki/Chien

[33] Voyager avec son animal (http://www.routard.com/guide_dossier/id_dp/34/num_page/6.htm) sur le site du Guide du Routard (http:// www.routard.com), consulté en août 2010

[34] Conditions d'importation en France d'animaux de compagnie, en provenance de pays non membres de l'Union européenne (http://www. douane.gouv.fr/page.asp?id=46)

[35] Loi no 99-5 du 6 janvier 1999 relative aux animaux dangereux et errants et à la protection des animaux. Article 12. Lire le texte (http://admi.net/jo/19990107/AGRX9800014L.html)

[36] le point sur la mauvaise réputation du pitbull à montréal (http://montreal.openfile.ca/montreal/file/2011/06/le-point-sur-la-mauvaise-reputation-du-pitbull-a-montreal)

[37] Les morsures de chien chez l'enfant (http://home.scarlet.be/~tdelvaux/www/Dossiers.html)

[38] Prévention des morsures de chiens (http://www.ne.ch/neat/site/jsp/rubrique/rubrique.jsp?DocId=15121)

[39] N'importe quel chien peut mordre… et même un membre de sa famille (http://www.comportement-canin.com/ethologie/morsuremembrefamille.html)

[40] 30 Millions d'Amis n°283 - mars 2011 : « Nos animaux chez les psy? Peuvent-ils les aider à aller mieux? » - « Zoom sur… l'évaluation comportementale des chiens dits dangereux. » p.25.

[41] Code rural et de la pêche maritime - Article L211-23

[42] Anatomie du chat (http://www.racedechat.com/m1s2.html). Consulté le 16 décembre 2007

[43] La vente de fourrure de chat et de chien interdite (http://www.lemonde.fr/cgi-bin/ACHATS/acheter.cgi?offre=ARCHIVES&type_item=ART_ARCH_30J&objet_id=994081&clef=ARC-TRK-D_01) sur *Le Monde*, 17 juin 2007

[44] Règlement (CE) n° 1523/2007 du Parlement européen et du Conseil du 11 décembre 2007 (http://europa.eu/scadplus/leg/fr/lvb/f82004.htm)

[45] Propositions européennes sur le commerce de la fourrure (http://www.eicluxembourg.lu/index.php?type=art&id=203)

[46] **(en)** Le commerce scandaleux de la fourrure de chiens et de chats en Chine (http://www.peta.org.uk/feat/dogcatfuruk.asp). *Consulté le 29 janvier 2009*

[47] *Note :* La Communauté justifie en pratique son action par les distorsions de concurrence générées par les interdictions déjà existantes dans certains pays européens à l'encontre du commerce des fourrures de chats et de chiens

[48] Eugène-Humbert Guitard, *Le chien dans la médecine et le folklore hébraïques : Dr Lavoslav Glesinger, dans la Revue d'histoire de la médecine hébraïque*, 1956, Revue d'histoire de la pharmacie, 1957, vol. 45, n° 154, pp. 139-140. Consulté le 14 septembre 2011. Lire en ligne (http://www.persee.fr/web/revues/home/prescript/article/pharm_0035-2349_1957_num_45_154_9420_t1_0139_0000_3).

[49] A. Smets, *L'image ambiguë du chien à travers la littérature didactique latine et française (XIIe –XIVe siècles)*, dans Reinardus, Volume 14, Number 1, 2001, pp. 243-253(11), Editeur : John Benjamins Publishing Company. Lire le résumé ligne (http://www.ingentaconnect.com/content/jbp/rein/2001/00000014/00000001/art00017).

[50] Coran, sourate 5 : « La table servie » (Al-Maidah), verset 4 - *Ils te questionnent sur ce qui leur est autorisé. Réponds : Vous sont permises les bonnes nourritures, ainsi que ce que capturent les carnivores que vous avez dressés, en leur apprenant ce qu'Allah vous a appris. Mangez donc de ce qu'ils capturent pour vous et prononcez dessus le nom d'Allah. Et craignez Allah. Car Allah est, certes, prompt dans les comptes.*

[51] Coran, sourate 18 : « La Caverne » (Al-Kahf), verset 18 - *Et tu les aurais cru éveillés, pourtant ils dorment. Et nous les tournons sur le côté droit puis sur le côté gauche, tandis que leur chien est à l'entrée, les pattes étendues. Si tu les avais aperçus, certes tu leur aurais tourné le dos en fuyant et tu aurais été assurément rempli d'effroi devant eux.*

[52] Coran, sourate 18 : « La Caverne » (Al-Kahf), verset 22 - *Ils diront : « ils étaient trois et le quatrième était leur chien. ». Et ils diront en conjecturant sur leur mystère qu'ils étaient cinq, le sixième étant leur chien et ils diront : « sept, le huitième étant leur chien ». Dis : M« on Seigneur connaît mieux leur nombre. Il n'en est que peu qui le savent ». Ne discute à leur sujet que d'une façon apparente et ne consulte personne en ce qui les concerne.*

[53] L'authentique d'al-Boukhari - Abou Horaira - *Un homme qui marchait éprouva une soif intense. Il descendit dans un puits et se désaltéra. Lorsqu'il sortit, il vit un chien qui haletait et qui léchait la terre humide pour étancher sa soif. – Ce chien, se dit l'homme, est assoiffé, autant que je l'étais tout à l'heure. Il retourna au fond du puits remplit sa bottine d'eau et la maintenant avec les dents, il remonta et abreuva le chien. Dieu agréa son comportement et lui pardonna ses péchés. – Ô Envoyé de Dieu, lui dit-on, on est récompensé même pour les animaux ? – Pour le bien fait à chaque cœur humide, il y a une récompense, répondit le Prophète.*

[54] Sahih Moslem - Abou Horaira - Celui qui garde chez lui un chien voit chaque jour le salaire de ses bonnes actions diminué d'une mesure, sauf un chien de chasse ou pour garder les troupeaux ou les terrains

[55] Saints et animaux (http://animal-respect-catholique.org/saints.htm), extrait du Mémoire de licence de Olivier Jelen présenté à la Faculté de Théologie, Fribourg (Suisse), septembre 2001, sous la direction du professeur Othmar Keel.

[56] Iliade, chant I, vers 225-226

[57] Gorgias, Ed. Arléa, p. 58

Voir aussi

Bibliographie

* Joël Dehasse, *Tout sur la psychologie du chien*, Odile Jacob, 2009

Articles connexes

* Liste des races de chiens
* Les constellations du Grand Chien, du Petit Chien et des Chiens de chasse
* Société centrale canine
* Comportementaliste
* La loi anti-chiens de Cohen, nouvelle de science-fiction humoristique

Liens externes taxinomiques

Canis lupus:

* Référence Fauna Europaea : *Canis lupus* (http://www.faunaeur.org/full_results.php?id=305289) **(en)**
* Référence NCBI : *Canis lupus* (http://www.ncbi.nlm.nih.gov/Taxonomy/Browser/wwwtax.cgi?lin=s& p=has_linkout&id=9612) **(en)**
* Référence UICN : espèce *Canis lupus* Linnaeus, 1758 (http://www.iucnredlist.org/apps/redlist/details/3746) **(en)**
* Référence Catalogue of Life : *Canis lupus* Linnaeus, 1758 (http://www.catalogueoflife.org/search/scientific/ genus/Canis/species/lupus/match/1/match/1) **(en)**

Canis lupus familiaris:

* Référence Mammal Species of the World : *Canis lupus familiaris* Linnaeus, 1766 (http://www.bucknell.edu/ msw3/browse.asp?s=y&id=14000752) **(en)** (consulté le 3 mai 2012)
* Référence Animal Diversity Web : *Canis lupus familiaris* (http://animaldiversity.ummz.umich.edu/site/ accounts/information/Canis_lupus_familiaris.html) **(en)**
* Référence UICN : espèce *Canis lupus familiaris* (http://www.iucnredlist.org/apps/redlist/details/41585) **(en)**
* Référence ITIS : *Canis lupus familiaris* Linnaeus, 1758 (http://www.cbif.gc.ca/pls/itisca/next?taxa=& p_format=&p_ifx=&p_lang=fr&v_tsn=726821) **(fr)** (+ version anglaise (http://www.itis.gov/servlet/SingleRpt/ SingleRpt?search_topic=TSN&search_value=726821) **(en)**)
* Référence NCBI : *Canis lupus familiaris* (http://www.ncbi.nlm.nih.gov/Taxonomy/Browser/wwwtax. cgi?lin=s&p=has_linkout&id=9615) **(en)**

Canis familiaris :

* Référence NCBI : *Canis familiaris* (http://www.ncbi.nlm.nih.gov/Taxonomy/Browser/wwwtax.cgi?lin=s& p=has_linkout&id=9615) **(en)**
* Référence Brainmuseum (http://brainmuseum.org/index.html) : *Canis familiaris* (http://brainmuseum.org/ Specimens/carnivora/beagle/index.html) **(en)**
* Référence Catalogue of Life : *5206444 Canis* familiaris (http://www.catalogueoflife.org/search/scientific/ genus/5206444/species/Canis/match/1/match/1) **(en)**
* Référence The Paleobiology Database : *Canis familiaris* Linnaeus 1758 (http://paleodb.org/cgi-bin/bridge. pl?action=checkTaxonInfo&is_real_user=1&taxon_no=104153) **(en)**
* Référence ITIS : *Canis familiaris* Linnaeus, 1758 **Non valide** (http://www.cbif.gc.ca/pls/itisca/next?taxa=& p_format=&p_ifx=&p_lang=fr&v_tsn=183815) **(fr)** (+ version anglaise (http://www.itis.gov/servlet/SingleRpt/ SingleRpt?search_topic=TSN&search_value=183815) **(en)**)

Liens externes divers

- Société Centrale Canine (http://www.scc.asso.fr)
- Fédération Cynologique Internationale (http://www.fci.be)
- Le Club Canin Canadien (http://www.ckc.ca/fr)

Dobermann

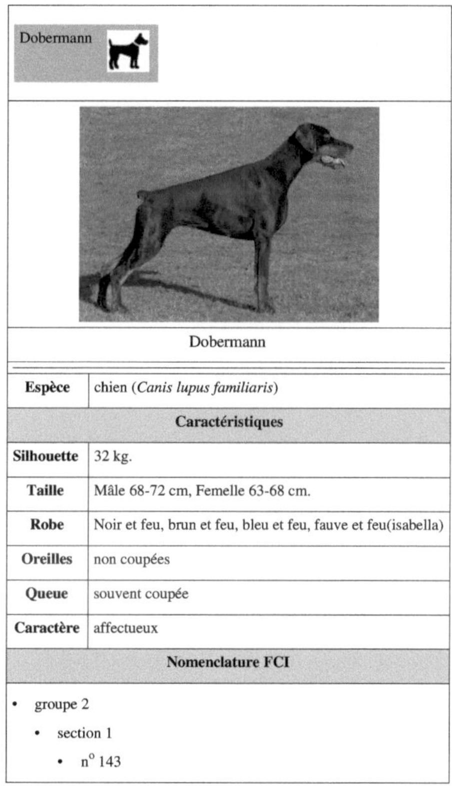

Dobermann	
Espèce	chien (*Canis lupus familiaris*)
Caractéristiques	
Silhouette	32 kg.
Taille	Mâle 68-72 cm, Femelle 63-68 cm.
Robe	Noir et feu, brun et feu, bleu et feu, fauve et feu(isabella)
Oreilles	non coupées
Queue	souvent coupée
Caractère	affectueux
Nomenclature FCI	

- groupe 2
  - section 1
    - n° 143

Le **dobermann** est une race de chien créée à la fin des années 1860. Auparavant principalement utilisé comme chien de garde et chien policier pour sa capacité offensive, son allure fière et décidée qui correspond à son caractère et lui a fait subir les stéréotypes du chien agressif et féroce, il est également devenu un chien de compagnie pour sa loyauté envers son maître et sa famille qu'il voudra protéger contre tout danger.

Origines

Le Dobermann aussi appelé Dobermann pinscher est probablement le résultat de croisements entre Pinscher allemand et Rottweiler. Il a été créé vers 1870 par Karl Friedrich Ludwig Dobermann **(en)**, un percepteur d'impôts qui était appelé à se déplacer avec de fortes sommes d'argent et désirait avoir un chien de défense plus courageux et plus combatif que les autres chiens de l'époque grâce notamment à sa rapidité et son exceptionnelle agilité. Alors chargé de la gestion de la fourrière d'Apolda, il réalise des croisements pour obtenir les premiers spécimens à cet effet.

À la mort de Karl Friedrich Ludwig Dobermann, Otto Göller, éleveur très réputé, reprend son cheptel de « bouviers-pinschers » et tente de les affiner en les croisant avec le manchester terrier, puis avec le greyhound, le pointer, le dogue allemand[1].

En 1899, cet éleveur fonde avec Oscar Vorwerk et Goswin Tischler le « Nationaler Dobermann-pinscher Klub », premier club spécialisé pour améliorer la race. La même année, Graf Belling Von Grönland[2] est le tout premier dobermann inscrit au livre d'élevage allemand. Ceci donna comme résultat le premier standard du doberman. Il a été alors reconnu par le Cercle allemand du chenil en 1900.

Le premier dobermann importé aux États-Unis le fut en 1898, tandis que *Dobermann Intellectus* est le premier chien inscrit au registre de l'American Kennel Club. Ce sont les éleveurs américains qui ont développés la belle race élégante. C'est en 1912 que le premier dobermann a été enregistré au Canada.

Aspect physique

Poil court, lisse et serré. Corps élégant musclé et dur. Posture gracieuse. Oreilles tombante, yeux en amandes. La queue est très souvent coupée, la coupe des oreilles est désormais interdite en France, mais la coupe de la queue reste tolérée bien que cette pratique soit controversée.

C'est un chien qui ne supporte pas le froid car il ne possède pas de sous-poil. Il ne supporte pas non plus les grosses chaleurs vu son caractère très actif.

Caractère

C'est l'exemple type du chien de gardiennage, efficace et rapide. Il excelle dans ses tâches de surveillance et de protection du maître et de sa famille. Le cliché veut qu'il soit en charge d'une grande et belle propriété avec jardin, ce qui a été montré dans de nombreux films et séries TV.

Ce chien possède un caractère fort. Cette caractéristique nécessite donc une éducation très ferme. Il peut devenir un excellent compagnon si son maître est capable de l'éduquer de façon cohérente.[réf. nécessaire] Il doit, comme tous les chiens, avoir bénéficié d'une bonne socialisation. C'est un animal qui a grand besoin d'exercice pour libérer son trop plein d'énergie. Excellent sportif, il adore les randonnées, le jogging ou le canicross. Le dobermann déteste la solitude.

Ces chiens ont une exceptionnelle capacité offensive, de ce fait les Allemands les ont massivement utilisés pour attaquer les tranchées adverses durant la Première Guerre mondiale. Les Russes les appréciaient beaucoup en tant que chiens antichars, seuls les Dobermann ne reculaient pas face aux lance-flammes allemands. Plus tard ce sont les Américains qui ont eu des Dobermann pour lutter contre l'armée impériale japonaise durant la Seconde Guerre mondiale.

Notes et références

[1] Origines du Dobermann (http://www.chiens-de-race.com/groupe-2/dobermann-73.html) sur www.chiens-de-race.com

[2] **(en)** Graf Belling Von Grönland (http://www.dobermann-pedigrees.com/grafbellingvgronland.htm) *sur dobermann-pedigrees.com*

Lien externe

* **[PDF]** Le standard de la race sur le site de la SCC (http://www.scc.asso.fr/mediatheque/standards/143.pdf)

Pinscher_allemand

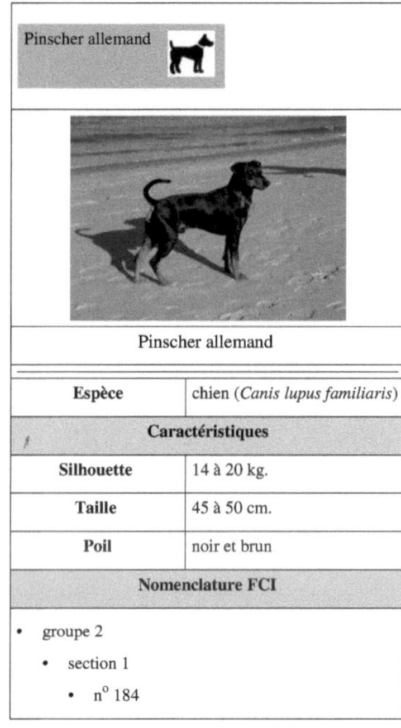

Pinscher allemand	
Espèce	chien (*Canis lupus familiaris*)
Caractéristiques	
Silhouette	14 à 20 kg.
Taille	45 à 50 cm.
Poil	noir et brun
Nomenclature FCI	

* groupe 2
  * section 1
    * n° 184

Le **pinscher allemand** est un chien originaire d'Allemagne[1] , considéré comme un chien de garde[2] . Ressemblant physiquement au Dobermann, il est toutefois plus proche du Schnauzer[3] .

Histoire

Si son existence est ancienne, ce n'est qu'à partir du début du XIXème siècle que le Pinscher allemand fait l'objet d'un élevage sélectif[4] . Il est alors utilisé pour la chasse aux rongeurs et vermines[5] .

Comme d'autres espèces, le Pinscher allemand était proche de l'extinction au lendemain de la deuxième guerre mondiale. C'est un éleveur nommé Werner Jung qui assura la survie de l'espèce[6] .

Caractéristiques physiques

Le Pinscher allemand est un chien de taille moyenne, inscriptible dans le carré. Il mesure de 45 à 50 centimètres au garrot pour un poids allant de 14 à 20 kg[7] .

C'est un chien à poil ras, pouvant être rouge cerf (c'est-à-dire fauve tirant sur le roux) ou noir avec des marques rouges ou brunes[8] .

Caractère

Le Pinscher allemand est un chien énergique, intelligent et loyal[9] , qualités qui en font un excellent chien de compagnie.

S'il possède de grandes aptitudes pour le dressage, il doit toutefois être éduqué avec fermeté[10] [11] .

Liens et références

Liens externes

- **[PDF]** Le standard de la race sur le site de la SCC [12]
- Fiche du Pinscher allemand [13] sur Chien.com
- Fiche du Pinscher allemand [14] sur le site de l'American Kennel Club

Références

[1] Fiche du Pinscher allemand (http://www.chien.com/Races/pinscher-allemand.html) sur Chien.com

[2] ibid.

[3] Fiche du Pinscher allemand (http://www.akc.org/breeds/german_pinscher/) sur le site de l'American Kennel Club

[4] "German Pinscher - History and Health" (http://www.petwave.com/Dogs/Dog-Breed-Center/Working-Group/German-Pinscher/ Overview.aspx) sur le site Petwave.com

[5] Histoire du Pinscher allemand (http://www.germanpinschers.com/standards/d_hist_GP.html) sur germanpinschers.com

[6] Fiche du Pinscher allemand (http://www.akc.org/breeds/german_pinscher/) sur le site de l'American Kennel Club

[7] Le standard de la race (http://www.scc.asso.fr/mediatheque/standards/184.pdf) sur le site de la Société Centrale Canine (SCC)

[8] ibid.

[9] Fiche du Pinscher allemand (http://www.akc.org/breeds/german_pinscher/) sur le site de l'American Kennel Club

[10] Fiche du Pinscher allemand (http://www.chien.com/Races/pinscher-allemand.html) sur Chien.com

[11] Fiche du Pinscher allemand (http://dogtime.com/dog-breeds/german-pinscher) sur Dogtime.com

[12] http://www.scc.asso.fr/mediatheque/standards/184.pdf

[13] http://www.chien.com/Races/pinscher-allemand.html

[14] http://www.akc.org/breeds/german_pinscher/

Voir aussi

- Pinscher autrichien
- Pinscher nain
- Dobermann
- Schnauzer

Affenpinscher

Affenpinscher	
Un Affenpinsher	
Espèce	chien (*Canis lupus familiaris*)
Région d'origine	
Région	Allemagne
Caractéristiques	
Taille	25 à 30 cm (au garrot)
Poids	4 à 6 kg
Poil	Dur et bien fourni.
Robe	Noire.
Tête	De forme arrondie.
Yeux	Foncés, plutôt arrondis et en boule.
Queue	Non coupée.
Caractère	Intrépide, attentif, fidèle.
Nomenclature FCI	

- groupe 2
  - section 1.1
    - n° 186

L'**Affenpinscher** est un chien d'origine allemande dont le nom signifie "griffon-singe". Il est également appelé Zwergaffen.

L'espérance moyenne de vie pour cette espèce est d'environ 15 ans.[réf. souhaitée]

Histoire

Cette race de chiens originaire d'Allemagne est très ancienne. À l'origine c'était probablement des chiens de famille. Des chiens semblables ont été représentés dès les XVe et XVIe siècle par les artistes Jan Van Eyck et Albrecht Dürer.

Au XVIIe siècle les commerçants et fermiers allemands l'utilisent pour ses formidables qualités de ratier.

Aujourd'hui c'est surtout un chien de compagnie.

Caractère

L'Affenpinscher est un chien vif, gai et joueur. Il est fougueux et a beaucoup d'énergie. Très affectueux, il se montre cependant parfois têtu. Il peut également avoir tendance à se montrer hostile avec les étrangers.

Il est très apprécié en Amérique du Nord en raison de ce caractère affectueux et attachant.

Voir aussi

- Liste des races de chiens

Liens externes

- Standard de l'Affenpinscher avec photos [1]
- Club français du Schnauzer et du Pinscher [2]

References

[1] http://www.braquedubourbonnais.info/RacesChiens/186/186_fr.htm
[2] http://www.schnauzer-pinscher.org/

Terrier_noir_de_Russie

Le **terrier noir de Russie** (*tchorny terrier,* черный терьер), ou **terrier russe**, est une race de chien originaire de Russie. Il est surnommé là-bas le terrier de Staline. Il a été fixé dans la seconde moitié du XXe siècle en URSS pour servir de chien de garde et de police. Il a été reconnu par l'*American Kennel Club* en 2004, mais il est peu présent en dehors des anciens pays d'URSS. Pas moins d'une vingtaine de races de chien a été nécessaire pour sa création, comme l'airedale, le schnauzer, le rottweiler, le newfoundland, et deux races russes, le berger du Caucase et le chien d'eau russe (aujourd'hui disparu).

Photographie d'un terrier russe

Dogue_allemand

Dogue allemand

Dogue allemand bleu et dogue allemand arlequin

Espèce	chien (*Canis lupus familiaris*)
Caractéristiques	
Taille	minimum 80 cm (M), minimum 72 cm (F).
Poids	60 à 90 kg.
Poil	court et dense, lisse et couché bien à plat, luisant.
Robe	arlequin (blanche tachetée de noir), fauve, noire, bleue (très foncée « acier »), bringée (marron plus ou moins clair tacheté de marron plus foncé)
Tête	Harmonieusement proportionnée à l'ensemble, allongée, étroite, aux lignes nettes, très expressive, délicatement ciselée (surtout en dessous des yeux) ; les arcades sourcilières (orbitaires) sont bien développées, cependant sans être saillantes. La distance de l'extrémité de la truffe au stop doit autant que possible correspondre à celle du stop à la protubérance occipitale, qui est peu marquée. Les lignes supérieures du crâne et du chanfrein doivent être parallèles. De face, la tête doit paraître étroite, le chanfrein étant aussi large que possible et les muscles des joues n'étant que légèrement indiqués, jamais de relief marqué. Stop: Nettement prononcé

Yeux	De grandeur moyenne, à l'expression vive et intelligente, aussi foncés que possible, en forme d'amande, les paupières épousant bien la forme du globe oculaire. Chez les dogues bleus, les yeux un peu plus clairs sont admis. Chez les dogues arlequins, les yeux clairs ou de couleurs différentes sont admis.
Oreilles	Attachées haut, tombantes de nature, de grandeur moyenne, le bord antérieur de l'oreille accolé à la joue.
Queue	Elle atteint le jarret. Attachée haut et large, elle s'amenuise progressivement jusqu'à son extrémité ; au repos, elle pend en position détendue naturelle ; en action ou quand le chien est excité, elle se recourbe légèrement en forme de sabre, mais sans dépasser sensiblement le niveau du dos. La queue en brosse n'est pas recherchée.
Nomenclature FCI	

- groupe 2
  - section 2.1
    - n° 235

Le **dogue allemand** *(Deutsche Dogge)* est une race de chien à poil court. Il est aussi appelé **Grand Danois** *(Great Dane)* ou même ***Alano***. On surnomme souvent ce dogue « l'Apollon de la gent canine » en raison de sa musculature.

Origines

Ces différents noms illustrent la controverse sur son origine, il ne provient d'ailleurs pas du Danemark. À l'origine arrivés en Europe au IVe siècle avec les Alains, peuple de cavaliers nomades d'origine iranienne, les *Alaunt* (d'ou provient le nom *Alano*, en Italie), perdirent leur fonction d'auxiliaires de guerre lorsqu'à la fin du Moyen Âge, ils furent reconnus pour leurs aptitudes à la chasse à courre[1] et, en particulier, au sanglier. L'ancêtre immédiat du dogue allemand actuel serait l'ancien *Bullenbeisser*, croisé avec du lévrier. Ces chiens étaient d'une conformation intermédiaire entre un puissant et énergique mâtin et un lévrier rapide. Le mot « dogue » désignait initialement un grand chien puissant, souvent de race indéterminée. Dès 1870, le chancelier Bismarck, qui en possédait deux, fit fortement monter la popularité de la race en Allemagne[2]. La nationalité allemande lui fut attribuée à Berlin en 1878 par un groupe d'éleveurs, puis confirmée lorsqu'en 1880, le premier standard fut rédigé. La première exposition du dogue allemand s'est faite à Hambourg en 1963. Il est alors de plus en plus considéré comme un chien de compagnie.

Physique

Le dogue allemand est très grand. La place du plus grand chien connu au monde a longtemps été détenue par un dogue allemand arlequin du nom de « Gibson », vivant aux États-Unis, et décédé en 2009 d'un cancer des os après avoir été déjà amputé d'une patte. Aujourd'hui c'est un autre dogue allemand, « Giant George », 2.2 m de la tête à la queue, qui détient les records du plus grand chien au monde vivant actuellement et de celui du plus grand chien au monde de tous les temps[3].

Il existe plusieurs variétés de couleurs : arlequin, noir, fauve, bringé, bleu, ainsi qu'une couleur non reconnue par le standard, appelée gris bigarré noir ou merle (ou encore porcelaine). Dans les pays ne reconnaissant pas le standard de la FCI, comme les États-Unis, le Canada et le Royaume-Uni par exemple, il existe une autre couleur : le dogue allemand à manteau, appelée aussi Boston en raison du motif et de la coloration rencontrés chez le terrier de Boston.

Caractère

Il a généralement bon caractère et se montre sociable avec les autres animaux. S'il est bien éduqué, le dogue allemand n'est pas plus agressif que les autres chiens. Généralement calme et mesuré, il fait aussi un bon chien de garde et sa masse impressionnante est, à elle seule, dissuasive. Il est facile à éduquer.

[4]

Santé

Ce chien a besoin de soins particuliers durant sa croissance : il faut lui fournir durant les trois premières années de sa vie une alimentation et un exercice physique particuliers. Sa portion alimentaire doit être adaptée à son âge et change souvent — le dogue allemand grandissant très vite —, il faut donc l'établir avec l'éleveur ou un vétérinaire. Il faut aussi éviter au chien les glissades, les sauts et les courses durant toute la période où ses os vont se former. Il doit être surveillé et correctement alimenté. De plus, son maître doit correctement l'éduquer dès son plus jeune âge : il est plus sage de lui apprendre notamment à ne pas tirer en laisse tant qu'il ne fait pas 90 kilos !

La coupe des oreilles est aujourd'hui interdite en France

Les dogues allemands dans la culture populaire

- **Hougen**, l'antagoniste principal du manga Ginga Densetsu Weed, est un dogue allemand ainsi que son frère **Genba**.
- Scooby-Doo, le célèbre personnage du cartoon éponyme.
- **Elmer**, un personnage du cartoon Oswald le lapin chanceux.
- Dans le roman *Le Gardien de son cœur* écrit par Nicholas Sparks, l'ange gardien en question de Julie, la protagoniste de l'histoire, est un danois.
- **Brutus** le personnage central du film américain *Quatre bassets pour un danois*.
- En 1965, le danois a été nommé « chien d'État » de Pennsylvanie.

Notes et références

[1] *Le Dogue allemand* de F.Cattaneo
[2] *Le Dogue allemand (le danois)* du Dr Joël Dehasse
[3] Site officiel de Giant George (http://www.giantgeorge.com/). Consulté le 22 février 2011
[4] http://www.breednutrition-rc.com/files/pdf/breed_encyclopedia/10_be_encyclopedia.pdf

Voir aussi

Liens externes

- **[PDF]** Le standard de la race sur le site de la Société centrale canine SCC (http://www.scc.asso.fr/mediatheque/standards/235.pdf)
- Catégorie dogue allemand (http://www.dmoz.org/World/Français/Loisirs/Animaux_de_compagnie/Chiens/Races/Molosse/Dogue_allemand/) de l'annuaire dmoz
- Le portail mondial du dogue allemand (http://www.great-danes-of-the-world.info/dogue-allemand-index-fr.php)

Ca_de_Bou

Ca de Bou

Espèce	chien (*Canis lupus familiaris*)
Caractéristiques	
Silhouette	Voir standard
Taille	Mâles 55-58 cm; femelles 52-55 cm
Poil	court et rude au toucher
Robe	Bringé, fauve et noir. Les taches blanches sont admises aux pieds antérieurs, au poitrail et au museau jusqu'à un maximum de 30% de la surface du corps. Le masque noir est également admis
Tête	Puissante et massive
Yeux	ovales d'une couleur la plus foncée possible
Oreilles	Attachées haut, appliquées contre la joue au repos
Queue	En rose, insérées haut et latéralement, elles sont plutôt petites; tirées et plissées vers l'arrière
Caractère	équilibré, affectueux avec les enfants, courageux, vigilant
Nomenclature FCI	

- groupe 2
  - section 2

Le **Ca de Bou**, ou Dogue de Majorque, est une race de chien molossoïde originaire des îles Baléares, en Espagne.

Histoire

Ca de Bou signifie *chien à taureau* en Catalan, une formation nominale identique à celle du Bulldog en anglais.

Le Dogue Majorquin est né de croisements entre des molosses amenés par les espagnols (chiens de prise Alains Ibériques) lors de la conquête de Majorque, croisés avec des chiens de berger autochtones de l'île (Ca de Bestiar) et finalement la race a eu du sang des chiens de combat amenés par les britanniques (Bulldog, Bandog).

Autres noms

Perro Dogo Mallorquín, Dogue de Majorque, Chien de Combat Majorquin, Perro de presa Mallorquín, Majorquin Bulldog.

Classification FCI

Groupe II

Date de publication du Standard : Premier prototype rédigé en 1932. En 1964 la FCI a approuvé son prototype racial.

Aspect général

Chien de prise puissant de taille moyenne et agile. Sa tête est de grande taille par rapport à son corps (circonférence crânienne supérieure à sa taille au garrot)

Mesures du type standard Taille au garrot : 56 cm environ Poids : 36 kg environ

Couleur

La couleur préférée est la robe bringée. Les autres couleurs sont le fauve et le noir. En bringée on préfère les tons obscurs et dans les fauves les tons intenses. Les tâches blanches sont admises et tolérées jusqu'à un maximum de 30 % de la surface du corps. Le masque noir est également admis.

Utilisation

Chien de garde et de défense. Anciennement il était un chien bouvier. C'est également un excellent chien de compagnie.

Caractère

C'est un chien paisible qui aboie peu, très affectueux et fidèle avec ses maîtres. De caractère équilibré ce qui fait de lui un agréable chien de famille. C'est un chien très obéissant et un excellent gardien, sûr de lui, dissuasif avec les étrangers et sans aucune agressivité gratuite. Son éducation doit être ferme mais en douceur.

Il peut se montrer dominant envers ses congénères du même sexe, particulièrement entre mâles.

Soins et santé

C'est un chien à poil court, un simple brossage hebdomadaire suffit. Rustique, il supporte bien les intempéries.

Liens

- Club Espagnol du Ca de Bou [1]
- Camila Club Français qui gère la race [2]

- HASTA SIEMPRE [3]

Ca de Bou fauve

References

[1] http://www.cadebouspain.es/default.htm
[2] http://www.chiensducamila.com/
[3] http://hastasiempre.chiens-de-france.com/

Dogue_de_Bordeaux

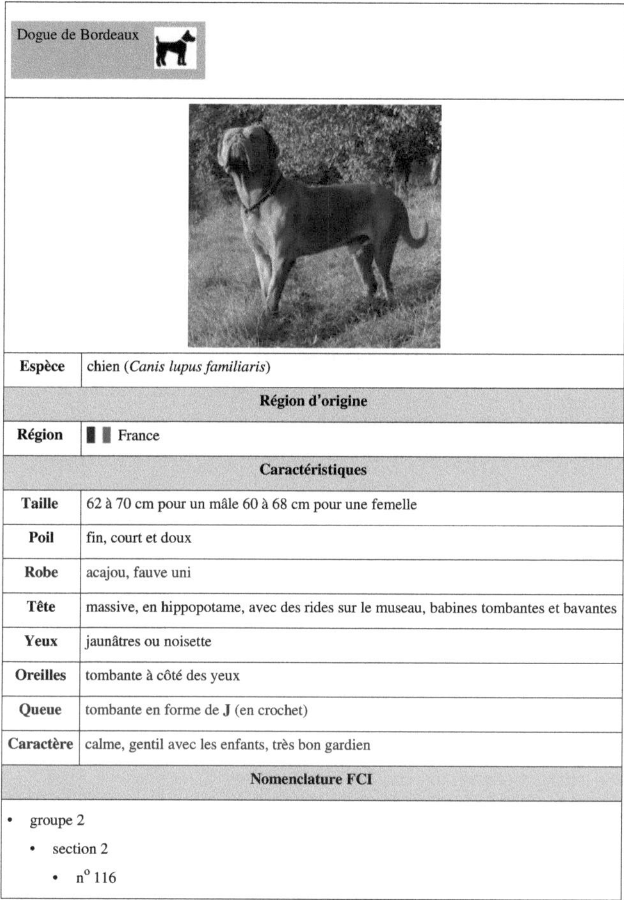

Dogue de Bordeaux	
Espèce	chien (*Canis lupus familiaris*)
Région d'origine	
Région	▌▌ France
Caractéristiques	
Taille	62 à 70 cm pour un mâle 60 à 68 cm pour une femelle
Poil	fin, court et doux
Robe	acajou, fauve uni
Tête	massive, en hippopotame, avec des rides sur le museau, babines tombantes et bavantes
Yeux	jaunâtres ou noisette
Oreilles	tombante à côté des yeux
Queue	tombante en forme de J (en crochet)
Caractère	calme, gentil avec les enfants, très bon gardien
Nomenclature FCI	

- groupe 2
  - section 2
    - n° 116

Le **Dogue de Bordeaux** est un chien du type molossoïde d'origine française.

Origines

Il est un des plus anciens chiens français. Il serait arrivé dans le sud de la Gaule à la fin de l'Antiquité (Ve siècle), avec des peuples cavaliers nomades originaires d'Asie, lors des grandes invasions. Il s'agissait probablement d'Alains, d'origine iranienne ou des Taifales voire des Huns, originaires d'Asie centrale, qui utilisaient des chiens de combat durant leur campagnes militaires. Les Alains introduisirent notamment en Espagne une race de chiens robustes, l'Alano Español **(es)**.

Il aurait pris place dans le sud-ouest de la France et aurait été croisé avec de multiples races déjà présentes. Cette race de chien n'a vraiment été reconnue qu'en 1926 mais a failli totalement disparaître au XXe siècle à cause des souffrances qu'elle a enduré durant les deux guerres. Cette race a été relancée en 1972.

Le Dogue de Bordeaux était utilisé pour garder le bétail des bouchers, pour ramener le gibier durant la période de chasse, pour les combats de chiens ou comme fidèle compagnon des soldats durant la guerre ou encore comme chien de garde.

Caractéristiques

Physique

Ce molosse brachycéphale au poil fin, court et doux de couleur fauve (dont les nuances varient de l'isabelle à l'acajou) est souvent pourvu de taches blanches peu étendues sur le poitrail et de temps en temps aux pattes. En période de mue, ce chien perd une grande partie de ses poils, ce qui oblige ses maîtres à le brosser avec soin. Étant donné la fragilité de leur peau, on évitera d'utiliser des brosses métalliques. Un gant caoutchouc est largement suffisant pour évacuer les poils morts.

Le mâle mesure en moyenne soixante à soixante-huit centimètres et pèse au moins soixante kilos.

La femelle, quant à elle, mesure de cinquante-huit à soixante-six centimètres et pèse au moins cinquante kilos.

Il n'est pas rare de nos jours de voir certains individus atteindre près de 80 kilos, le standard évoluant!

Le Dogue de Bordeaux est un chien très musclé qui conserve pourtant un ensemble harmonieux. Sa tête est assez volumineuse, anguleuse, large et assez courte, avec une mâchoire forte et prognathe.

Le Dogue de Bordeaux est un chien qui possède les caractéristiques d'un athlète mais qui s'avère pourtant être d'une placidité naturelle. Ainsi, les activités sportives sont généralement limitées, à plus forte raison lors de sa croissance (jusqu'à 18 mois) au cours de laquelle il est très sensible d'un point de vue articulaire. On évitera alors les montées d'escalier et les efforts intenses. Il s'avère être un animal doux et extrêmement attaché à ses maîtres.

Caractère

Il est réputé comme étant un excellent chien de garde et de défense , mais il est aussi de très bonne compagnie. C'est un chien au tempérament égal et calme. L'expression française « humeur de dogue » est généralement appliquée aux personnes coléreuses et aux mauvais caractères. Pourtant, le dogue de Bordeaux est amical, attentif, sociable, attachant, curieux, très courageux et physiquement exigeant avec lui-même. Très attaché aux siens, il a l'habitude de toujours protéger sa famille et d'assurer une garde sans faille de la maison. C'est aussi un très bon compagnon de jeu pour les enfants. Il aboie rarement, sauf en cas de danger ou de nécessité.

Si le Dogue de Bordeaux connaît beaucoup d'expériences positives dans sa jeunesse, lui permettant de développer un tempérament équilibré, son comportement avec les autres animaux de compagnie sera parfait une fois devenu adulte. Malgré tout, il peut quelques fois se montrer plus dominant envers les autres chiens, surtout le mâle. Mais cela est-il vraiment un défaut puisque tous les chiens sont dotés de ce type de comportement instinctif. Cependant, c'est un animal généralement doux et protecteur. Au premier abord, les visiteurs sont souvent considérés avec suspicion de sa part, mais une fois que son maître a signifié son approbation, ils sont agréablement accueillis.

Santé

Cette race de chien nécessite beaucoup d'attention de la part de ses maîtres. Toutefois son besoin de dépense physique n'est que moyen. Il ne se contentera que de deux promenades quotidiennes associées à quelques parties de jeux hebdomadaires, durant lesquelles il pourra courir et se dépenser en toute liberté.

Dogue de Bordeaux au repos

Un dogue bien entretenu peut avoir une durée de vie allant de huit à dix ans. Pour que le chien développe des attaches étroites avec son maître, il est important de lui faire subir une éducation cohérente, juste et sereine. Un dogue de Bordeaux ne se dresse pas, il s'éduque ! Ainsi, il cherchera toujours à plaire à son maître. Avec cet animal, il ne faut pas hésiter à en rajouter pour exprimer sa satisfaction ou son mécontentement. Il lui faut un maître ayant naturellement de l'ascendant sur lui, et qui sache lui parler de façon encourageante.

Le dogue de Bordeaux développe des liens affectifs très puissants avec ses maîtres et considère toute séparation comme une punition. Il ne convient donc pas à quelqu'un régulièrement absent de choisir cette race. Son plus grand désir est de partager son temps avec son maître, envers lequel il fait preuve d'une affection dévouée et d'un amour désintéressé.

Comme la plupart des grands chiens, le Dogue de Bordeaux grandit très rapidement, et en période de croissance, il doit disposer de toute son énergie pour pouvoir développer une silhouette saine et normale. Les jeunes demandent d'amples rations de nourriture et il est déconseillé de trop les fatiguer.

Le Dogue de Bordeaux peut souffrir de dysplasie coxo-fémorale qui est caractérisée par un défaut de développement de l'articulation de la hanche. Elle se dépiste à l'aide d'une radiographie de la hanche. Les notes données vont de A pour une hanche parfaite à E pour une hanche sévèrement atteinte. La race compte quelques cas de pathologies oculaires bénignes telles que l'entropion et l'ectropion, ainsi que par des pathologies cardiaques plus lourdes cette fois telle que la cardiomyopathie dilatée.

Dans tous les cas, un chiot issu de parents judicieusement sélectionnés aura toutes les chances de ne pas développer de telles pathologies.

Aujourd'hui, le chiffre des amateurs de Dogues de Bordeaux s'est accru considérablement et la race a franchi les frontières de la France, se diffusant dans la plupart des pays européens, au Japon, aux États-Unis, au Canada, en Afrique, en Amérique latine…

Anecdotes

On retrouve un dogue de Bordeaux dans la comédie policière *Turner et Hooch* de 1989 avec Tom Hanks.

Liens externes

- Le standard de la race sur le site de la SCC [1]
- Le dogue de Bordeaux sur www.naturanimal.com [2]

References

[1] http://www.scc.asso.fr/mediatheque/standards/116.pdf
[2] http://www.naturanimal.com/chiens/races/race,chien,Dogue%20de%20Bordeaux,83,1.htm

Shar_Pei

Shar Pei

Espèce	chien (*Canis lupus familiaris*)
Région d'origine	
Région	Chine
Caractéristiques	
Silhouette	20-25 kg.
Taille	44 à 51 cm.
Poil	extrêmement sec et dur
Robe	deux types : horse coat(poil qui pique et court) et brush coat (poil hirsute et épineux, plus long)
Tête	tête en "hippopotame", chanfrein charnu
Yeux	enfoncés
Oreilles	petites et portées haut
Queue	implantée haut au-dessus de l'anus, courte et courbée, peu poilue
Caractère	Avec son bon caractère, le shar-peï est un chien enjoué, tranquille, qui s'adapte parfaitement à la vie familiale.
Nomenclature FCI	

- groupe 2
  - section 2.1
    - n° 309

Le **shar-Peï** est un chien d'origine chinoise qui se caractérise par sa peau ample qui retombe en plis.

Historique

Les origines chinoises du Shar-Peï sont certaines. La race aurait plus de 2000 ans, en effet des statuettes anciennes de l'époque des Han (environ 200 avant J.-C. à 200 après J.-C.), qui ont été retrouvées dans des fouilles représentent le Shar-Peï.

Le Shar-Peï existe depuis plusieurs centaines d'années dans les régions côtières de la Chine du Sud ; il serait originaire de la province du Guangdong - une province proche du canton de Guangzhou - et était aussi très répandu dans la ville de Dah Let (canton de Kwungtun).

« Shar-Peï » en chinois veut dire « peau de sable », ce qui semble bien correspondre à la définition de la texture du pelage : sec et dur, presque urticant.

Le shar-pei n'a jamais été un chien de luxe mais au contraire un chien rustique, utilisé par la classe paysanne pour la garde et la chasse. Son aptitude physique pour les combats l'a fait utiliser à cette fin, ce qui lui a valu son précédent nom de "chien de combat chinois". En effet, les combats de chiens étaient un loisir très apprécié dans l'ancienne Chine, aussi bien à la campagne que dans les quartiers ouvriers de villes de province.

C'est à cette époque que certaines particularités de la race (la peau ample, les yeux enfoncés dans les plis de la face, les crocs incurvés) ont été sélectionnées pour donner plus de défenses à ces chiens lors des combats. Il est aussi rapporté qu'ils étaient drogués et abreuvés de vin pour leur donner l'agressivité qui leur fait naturellement défaut !

Au XIXe siècle, avec l'arrivée des occidentaux en Chine, de nouvelles races bien plus puissantes et combattives firent leur apparition, entre autres les bulldogs et les mastiffs. Croisés avec des races locales, ces chiens étaient des « machines de guerre » bien trop puissantes pour le Shar-Peï. Ce dernier n'étant plus demandé, la race commença à s'éteindre, disparition accélérée par les lourdes taxes sur tous les chiens instaurées par le régime communiste vers 1950.

À la fin des années 60, bien peu de spécimens survivaient encore à Hong Kong, Macao ou Taïwan, ou dans certaines provinces reculées. C'est alors que des éleveurs locaux passionnés par le shar-pei, tels que M. Law (affixe "Down Homes") et M. Chung (affixe "Jones"), alertèrent les américains, afin que ces derniers recueillent la douzaine de Shar-Peï restants pour sauver la race de l'extinction.

Après une campagne de presse, plus de deux cents demandes d'adoption arrivèrent[réf. nécessaire]. Les premières naissances de shar-pei eurent lieu aux États-Unis, et provoquèrent un certain engouement. En 1979, les premiers shar-pei arrivèrent en Allemagne, puis en 1981 en France.

Description

Le **Shar Pei** est un chien de taille moyenne (44 à 51 cm au garrot), de silhouette courte et compacte. Sa tête en "hippopotame", au chanfrein charnu, est plissée avec des yeux enfoncés et de petites oreilles portées haut et appliquées contre le crâne.

Son corps, également plissé, plonge légèrement vers l'avant. Toutes les couleurs unies, sauf le blanc, sont admises : noir et ses dérivés (marron, bleu), fauve et ses dérivés (sable, ivoire).

Avec sa gentillesse et sa douceur, il se montre sociable avec les gens et particulièrement avec les enfants. Il nous fait oublier qu'il est un excellent gardien. Le Shar-peï est incroyablement intelligent et est un chien de garde hors pair. Il a un sens de la propriété très développé, qu'il s'agisse de la maison, de la voiture ou de son maitre, il défend son entourage avec ardeur et très sociable avec les autres races canines.

Ils savent se faire apprécier par leur loyauté à sa famille, attention le Shar-Peï est un chien qui se laisse dépérir si son maitre l'abandonne. Il est sensible aux réprimandes et surtout lorsqu'il estime ne pas l'avoir mérité, il peut bouder pendant un moment. Lors d'une première rencontre il est rare que le chien laisse le nouvel arrivant le caresser. Le shar-pei ne vit pas très vieux, en général de 10 à 11 ans.

Galerie photos

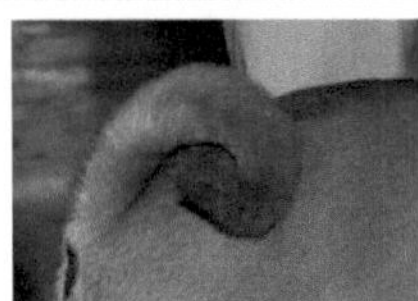

Détail sur la queue « en tire-bouchon »

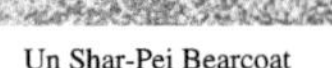

Un Shar-Pei Bearcoat

Lien externe

- **[PDF]** Le standard de la race sur le site de la SCC [1]

References

[1] http://www.scc.asso.fr/mediatheque/standards/309.pdf

Broholmer

Le **Broholmer** est une race de chien. Ce molosse a pour origine le Danemark et est un chien qui nécessite peu d'entretien et qui est calme et affectueux.

Histoire

Le Broholmer est connu depuis le Moyen Âge. Il servait alors à la chasse, principalement à la chasse au cerf, puis il servit ensuite à la protection des propriétés et des châteaux. Ensuite, à la fin du XVIII° siècle, il se développa grandement, notamment grâce au comte de Sehested de Broholm. Ce dernier donna le nom à la race. La race a

Un Broholmer mâle.

presque disparue après la Seconde Guerre mondiale, et ce n'est qu'en 1975 que des passionnés en entreprirent la sélection.

Caractère

Très bon gardien, le Broholmer est confiant, mais jamais agressif à mauvais escient. Il est relativement calme, mais il doit avoir à disposition un jardin dans lequel il puisse se défouler à volonté. Ce chien est affectueux et fidèle à ses maîtres.

Description

Un chien broholmer

Chien fort et musclé, le Broholmer est massif et grand. Il est puissant et sa tête est massive. Ce chien, de type dogue, a un avant-main puissant et fort. Sa queue est plus large à sa naissance qu'à son extrémité et est attachée bas. Sa peau est épaisse et un peu ample, surtout au niveau du cou.

Le Broholmer peut avoir comme couleur de robe le fauve, souvent avec un masque noir, le noir et le rouge doré. Des marques blanches sur diverses parties du corps sont acceptées.

Le Broholmer a une espérance de vie d'environ 12 ans.

Bouvier_de_l'Appenzell

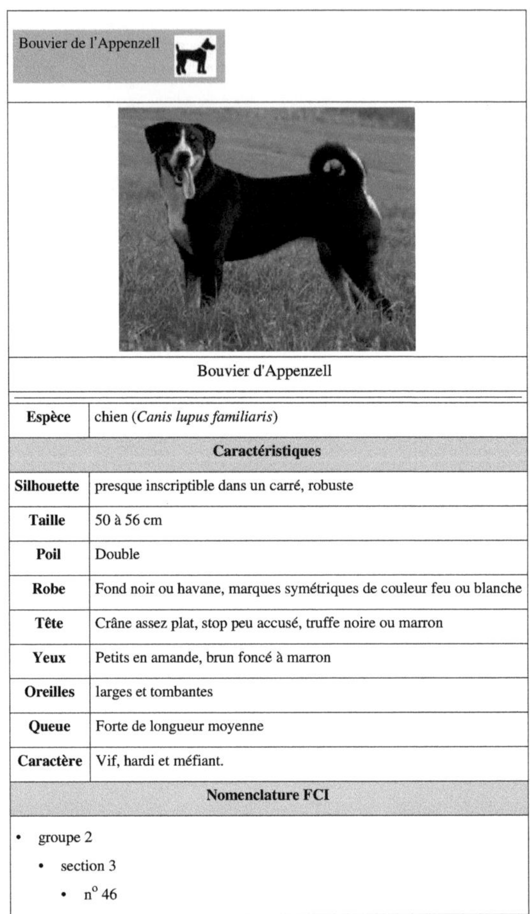

Bouvier de l'Appenzell	

Bouvier d'Appenzell

Espèce	chien (*Canis lupus familiaris*)
Caractéristiques	
Silhouette	presque inscriptible dans un carré, robuste
Taille	50 à 56 cm
Poil	Double
Robe	Fond noir ou havane, marques symétriques de couleur feu ou blanche
Tête	Crâne assez plat, stop peu accusé, truffe noire ou marron
Yeux	Petits en amande, brun foncé à marron
Oreilles	larges et tombantes
Queue	Forte de longueur moyenne
Caractère	Vif, hardi et méfiant.
Nomenclature FCI	

- groupe 2
  - section 3
    - n° 46

Le **Bouvier de l'Appenzell** est un chien de bouvier suisse.

Aptitudes

À l'origine chien de conduite et de protection des troupeaux, de pistage et de garde. De nos jours, essentiellement chien de garde et de compagnie.

Mensurations

Taille idéale : mâle, 52-56 cm; femelle 50-54 cm, avec une tolérance de 2 cm en plus ou en moins pour les deux sexes.

Poil et couleur

Le poil est droit, dense et brillant, avec un sous-poil dense. La couleur de base est noire ou havane, avec des marques symétriques feu ou blanches.

Soins

Son poil fin demande peu d'attention. Supprimez de temps en temps des poils tombants avec une brosse en caoutchouc.

Caractère

C'est un chien robuste, posé, brave et intelligent, en outre très vivant et doté d'un instinct de garde naturellement aiguisé. Très vif et nerveux, ce chien ne convient pas à des personnes fragiles (personnes âgées entre autres).

Dressage

Il répond mieux à un dressage équilibré, ferme et cohérent. Dans sa jeunesse, faites en sorte qu'il expérimente de la façon la plus positives des situations variées et ses rencontres avec les gens et les autres animaux. Il apprend assez vite, en partie grâce à son intelligence développée, mais aussi parce qu'il aime être occupé à un travail.

C'est un chien qui ne s'adapte pas au chenil. Il aime certes la vie au grand air, mais seulement en compagnie de son maître. L'agility est un sport qui lui convient parfaitement.

Comportement social

Il s'entend généralement bien avec les autres chiens. La présence de bétail et d'autres animaux de compagnie se passe également sans problème s'il y a été habitué dans sa jeunesse. Il est assez méfiant face aux étrangers mais accueille les amis avec effusion. Un individu sain et bien dressé se montre également doux avec les enfants. Il est dévoué à l'ensemble de la famille mais tend à développer des liens plus exclusifs avec son maître en particulier.

Exercice

Un chien comme celui-ci n'est pas à sa place dans un environnement urbain ou un immeuble de banlieue. Il a besoin d'être dehors et s'attache fortement à son territoire.

Ses instincts de chien de troupeau en font tout le contraire d'un vagabond. Dans une ferme, il pourra se dépenser à sa guise. Il faudra lui consacrer de longues promenades et pour qu'il soit pleinement heureux.

Source

Encyclopédie illustrée "Les Chiens" Texte et photographies Esther JJ. Verhoef-Verhallen, adaptation française de Bruno Porlier. GRÜND 1997

Voir aussi

Liens internes

- Liste des races de chiens

Bouvier_bernois

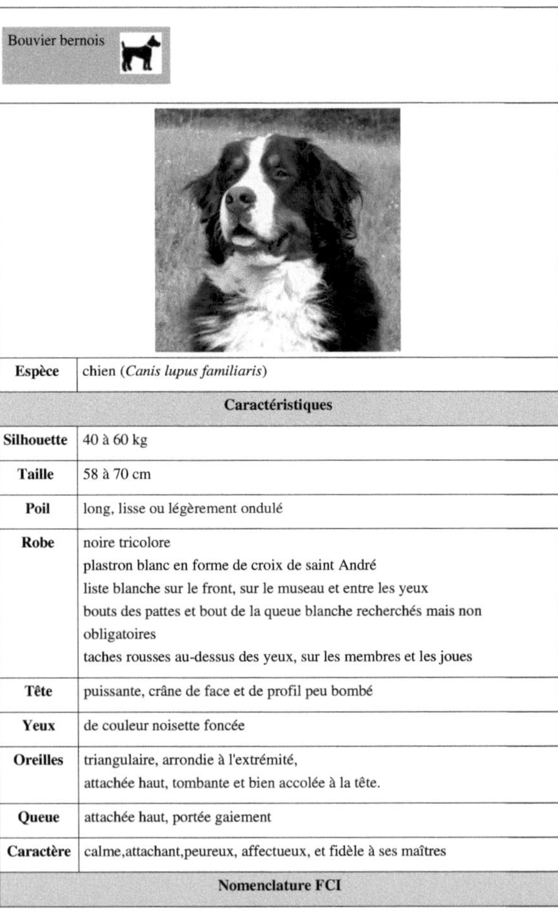

Bouvier bernois	
Espèce	chien (*Canis lupus familiaris*)
Caractéristiques	
Silhouette	40 à 60 kg
Taille	58 à 70 cm
Poil	long, lisse ou légèrement ondulé
Robe	noire tricolore plastron blanc en forme de croix de saint André liste blanche sur le front, sur le museau et entre les yeux bouts des pattes et bout de la queue blanche recherchés mais non obligatoires taches rousses au-dessus des yeux, sur les membres et les joues
Tête	puissante, crâne de face et de profil peu bombé
Yeux	de couleur noisette foncée
Oreilles	triangulaire, arrondie à l'extrémité, attachée haut, tombante et bien accolée à la tête.
Queue	attachée haut, portée gaiement
Caractère	calme,attachant,peureux, affectueux, et fidèle à ses maîtres
Nomenclature FCI	

- groupe 2
  - section 3
    - n° 45

Le **bouvier bernois** est une race de chien dont la fédération cynologique internationale attribue l'origine à la Suisse.

Origine

- Appartenant à la famille des grands bouviers suisses, son nom provient du nom allemand *Berner Sennenhund*, signifiant « chien alpin de vacher de Berne ».
- En 1907 : Création du club suisse de "Dürrbachler" pour promouvoir l'élevage des bouviers bernois (c'est pourquoi les bouviers bernois se sont fait appeler les dürrbach jusqu'en 1913).
- En 1899 : Création de l'« *association la Berna* », regroupant les éleveurs de chiens de race. Celle-ci présentera en 1902 les chiens de dürrbach lors d'une exposition.
- En 1907 sera fondé le « *club suisse du chien de dürrbach* » pour l'amélioration de la race, et permettra à la race d'être inscrite au livre des origines suisses.
- Longtemps appelé « Cheval du pauvre », surnom dû à sa tâche consistant à emmener les bidons de lait sur une charrette, certaines associations en ont fait un chien guide d'aveugle, et il est également utilisé en Suisse comme chien de recherche pour retrouver les skieurs enfouis sous la neige. À l'heure actuelle son principal rôle est d'être un excellent chien de compagnie.
- La rumeur veut que le bouvier fut croisé en 1949 avec un terre-neuve pour adoucir son caractère.
- **Origine** : Suisse
- **Groupe** : 2 (Molossoïde et chien de montagne)
- **Section**: 3 (Chiens de bouvier suisses)
- **Taille** :
  - 64 à 70 cm pour le mâle
  - 58 à 66 cm pour la femelle
  - Le bouvier Bernois est plus long que haut
- **Poids** :

40 à 50 kg pour les femelles 50 à 70 pour les mâles

Un chien très docile et joueur

- **Longévité** : 8 à 10 ans
- **Couleurs** :
  - tricolore
  - Robe noire
  - Plastron blanc en forme de croix de saint André
  - Liste blanche sur le front, sur le museau et entre les yeux
  - Bouts des pattes et bout de la queue blancs
  - Taches rousses au-dessus des yeux (appelées pastilles), sur les membres et les joues
- **Physique** :
  - Tête puissante
  - Crâne de face et de profil peu bombé
  - Oreille : triangulaire, arrondie à l'extrémité, attachée haut, tombante et bien accolée à la tête.
  - Stop bien accusé
  - Sillon frontal peu marqué

- Pattes courtes, arrondis avec doigts serrés et bien cambrés
- Poils : long, lisse ou légèrement ondulé
- Truffe: noire
- Museau: Puissant, droit, de longueur moyenne
- Lèvres: Peu développées, bien appliquées, noires
- Yeux: Bruns foncé, en forme d'amande, avec paupières qui épousent bien la forme du globe oculaire
- **Défauts** (empêchant sa confirmation au LOF – Livre des Origines Françaises) :
  - Chien peureux ou agressif
  - Fond de robe autre que noir ou non tricolore
  - Absence de plus de deux prémolaires, entropion, ectropion,
  - Ligne supérieure fortement inclinée, queue enroulée, queue cassée,
  - Ossature fine, poil bouclé, nez fendu, œil bleu, poil court,
  - Absence de blanc en tête, liste trop large. Sur le museau, blanc qui dépasse la commissure des lèvres. Balzanes blanches remontant trop haut. Marques en tête, au cou et au poitrail d'une asymétrie frappante.
  - Monorchidie, Chryptorchidie (un seul testicule ou absence totale) pour les mâles.
- **Pour faire concourir son bouvier bernois**
  - assurez-vous qu'il porte la queue ni trop haute, ni trop basse
  - le poil doit être lisse ou légèrement ondulé
  - le crâne de votre chien doit être légèrement bombé

Caractère

- Grand, calme, affectueux, et fidèle à ses maîtres. Cette race a en effet grand besoin de contact humain, il est même surnommé par certains « pot de colle », en raison de son grand attachement à ses maîtres. Sa nature de gardien fait en sorte qu'il fera preuve de méfiance à l'arrivée d'un nouveau venu. Cette méfiance se dissipera dès qu'il aura eu le temps d'évaluer le « prédateur ». Dès lors, il deviendra très agréable avec ce tout nouveau venu.
- Tranquille et peu sportif, il nécessite tout de même de longues promenades. D'un naturel peu fuyard, il ne s'écartera jamais hors de portée de vue de ses maîtres ; il reste néanmoins d'un naturel très curieux.
- Le dressage doit être effectué à l'aide du renforcement positif car l'utilisation d'un étrangleur le fera fuir sous la pression, d'où sa réputation d'être têtu. Quelques cas de morsures ont même été relatés chez des bernois tentant de "sauver leur vie" tellement le dressage aura été sévère. Le bernois ne passera à l'action que si sa vie est en danger. Néanmoins son éducation se fera rapidement grâce à ses facultés d'adaptation et à son intelligence. Leurs cerveaux sont de vraies éponges d'apprentissage.
- Même s'il n'est pas un chien de garde au sens populaire du terme (attaque), ses origines de gardien de ferme refont surface en présence de toutes activités suspectes. Il saura avertir ses maîtres et dissuader tout intrus par ses aboiements. La plupart du temps, le bouvier n'aboie que si il entends du bruit, mais lorsqu'il le fait, c'est avec beaucoup de conviction.

Problème de santé courant

- **Dysplasie** : Problème lié à une nourriture pauvres en vitamine et nutriments. Selon Marc Torel et Klaus Dieter Kammerer la dysplasie ne serait pas un problème génétique. *L'erreur du millénaire, texte intéressant, peut être consulté pour plus d'informations.[réf. nécessaire]

- Moins connue car beaucoup moins subjective, la méthode PENNHIP[1] mesure le degré de laxité, indice de la probabilité d'apparition de la dysplasie. Les résultats sont exprimés sur une échelle de 0 à 100, 100 étant une dysplasie sévère. En date du 1er janvier 2007, le meilleur bouvier bernois avait obtenu un pointage de 23, le pire totalisant 116 avec une moyenne pour l'ensemble des 1 185 bouviers bernois observés de 52.

- **Cancer** : le cancer touche très souvent le bouvier bernois, environ 9,7% de la population selon une étude du *Bernese Mountain Dog Club of America.*

  Le bouvier bernois est d'ailleurs particulièrement affecté par l'histiocytose maligne (20% selon le CNRS), cancer d'origine génétique et non soignable. La maladie se déclare généralement entre les 6 et 9 ans du chien. Le CNRS de Rennes [2] effectue une étude spécifique de la maladie sur le bouvier bernois.

- **Otite et gale auriculaire** : comme tous les chiens à oreilles tombantes, le bouvier bernois est sujet aux otites et aux gales auriculaires, un traitement préventif est conseillé

- **retournement de l'estomac** : Bien que n'étant pas à proprement parler une maladie, le retournement d'estomac peut tout de même amener à la mort et est courant chez les gros chiens, et de plus nécessite une intervention chirurgicale de toute urgence.

- **Problèmes urinaires** : Les problèmes urinaires sont souvent présents chez les femelles de cette race puisqu'elles sont de grande taille. À cause de leur grandeur et de leur poids, les femelles ont un espace restreint entre les pattes pour uriner et cela peut causer des champignons, surtout en été à cause de la chaleur. Malheureusement, ce n'est pas quelque chose que le maître du chien peut voir facilement, donc cela se transforme couramment en problème urinaire. Il est très important que les chiennes gardent un bon poids santé pour éviter que cette situation se répète d'année en année.

Divers

[réf. nécessaire]

Âge du bouvier bernois	1	2	3	4	5	6	7	8	9	10	11
Âge humain	14	22	31	40	49	58	67	76	85	94	100

Notes et références

[1] la méthode PENNHIP (http://pennhip.org/)
[2] http://dog-genetics.genouest.org/index.php?option=com_content&view=article&id=9&Itemid=17

Bibliographie

- **(de)** Margret Bärtschi et Hansjoachim Spengler, *Hunde, sehen, züchten, erleben*, Haupt, 1994 (ISBN 3258049874)

Voir aussi

Liens externes

- Standard FCI N°45 / 05. 05. 2003 / F (http://www.fci.be/uploaded_files/237d99_de.doc)

Article Sources and Contributors

Dogue_argentin *Source*: http://fr.wikipedia.org/w/index.php?title=Dogue_argentin *Contributors*: Abujoy, Anivirtu, Cpimenta, Dhatier, El-dogo, Ewan ar Born, FriedrickMILBarbarossa, Fryed-peach, Gordjazz, Jef-Infojef, Laurent Nguyen, Lomita, Macassar, Marsu15, Maurilbert, Monsieur Fou, Moumousse13, Oceanebarre, Pako-, Palamède, Romanc19s, Stéphane33, Tux-Man, Vinz1789, Vonvon, Xiblur, Ziron, 44 anonymous edits

Chien *Source*: http://fr.wikipedia.org/w/index.php?title=Chien *Contributors*: (:Julien:), -JalOmax-203-, -Roxas-, .melusin, 11tipp22, 120, 69anonyme69, 81150ericm, A2, Abrahami, Actarus Prince d'Euphor, Acte Chien, Addacat, Adrille, Aeleftherios, Agnesdecayeux, Aimelaime, Akai tori, Albanoreau, Albinflo, Alchemica, Alecs.y, Alex-F, Alexandra Sprouse, AlfredTaupin, Alno, Alphos, Alyah, Ammer, Amstramgrampikepikecolegram, AnneJea, Antaj7co, Aqw96, Ar rouz, Archaeodontosaurus, Archimëa, Arglanir, Arnaud.Serander, Arria Belli, Arzach, Asabengurtza, Asclepias, Asram, Astirmays, AviaWiki, Axalis, B-noa, Balougador, Bapti, Baronnet, Bastien Sens-Méyé, Bazaar79, Ben23, Benoit Rochon, Bernard Déry, Bernard Perthuis, Bernardo matino, Bertrand24, Bibi Saint-Pol, Binabik155, Blub, Blue Pepper, Blufrog, Bob-chinois, Bobby nadeau, Bogros, Boretti, Borkmadjai, Boréal, Bossdu07, BraceRC, BrightRaven, Camae, Captainm, Carthae, Casibefa, Cath705, Caton, Ceddrik, Cedrenchante, Chaica, Cham, Chaoborus, Chaps the idol, Chmlal, Christophe Dioux, Christophe cagé, Chrono1084, Chronos004, Cl;nintendods, Coleman007, CommonsDelinker, ComputerHotline, Cortomaltais, Coyau, Coyote du 86, Crazy runner, Creasy, CreatixEA, Cymbella, CynoDo, Cyrilc, DOM34970, Daiima, Dake, Damienlebossdu92, Dark Attsios, Darkoneko, David Berardan, David Latapie, Deep silence, Desaparecido, Dhatier, Didierklodawski, Diperia, Dnalor87, DocteurCosmos, Dodoïste, Dollylucie, Dominiko, Démocrite, EDUCA33E, Ebourbonnais, Eden2004, Ediacara, Eiffele, Elf, Elfix, Elidaabdou, Eliott, Elodie11, Elwiria, Emirix, Enfantmalefique, EoWinn, Erasmus, Erythacus, Escaladix, Esprit Fugace, Etxrge, Eutvakerre, EyOne, F.rodrigo, FDo64, FR, Fabian6530, Fabien1309, Fackziihd, Fakou, Fandepanda, Ffx, Fiablematou, Flambe fr, Fluti, Fm790, FoeNyx, Fred educ, Frédéric, Fu Manchu, Funny 57, Funnyhat, GGcarote25, Gafia, Gainche, Gaston Lachaille, Gede, George de Jolival, Ggbb, Ghostdance, Gika, Gillykiller, Gloubik, Gmz, Goku, Goliadkine, Gonioul, Gotty, Gpic, Graoully, Gretaz, Greudin, Gribeco, Grigori29, Grim Reaper, Grimlock, Grondin, Gronico, Guillom, Gyrostat, Gz260, Gzen92, GôTô, Hano Nymes, Haplous, Hector Jean, Heimdalltod, Hemmer, Hercule, Hexasoft, Hkabla, Homardestgrand, Huster, Hégésippe Cormier, IAlex, Ice Scream, Ico, Igel 14, Indeed, Ingried, Inisheer, Iznogood, JLM, Jacques Ghémard, Jallet, Jangol, Jarfe, Jean-Claude McMussy, Jean-Pierre Fauxcul, Jean-marc go - 01, JeanBono, Jeanfi, Jeanot, Jeantosti, Jef-Infojef, Jeffdelonge, Jerem56, Jerome Charles Potts, Jerome66, Jlancon, Jorge, Jplm, Ju gatsu mikka, Jules78120, Juraastro, Jurisprudent, Kassus, Kelson, Kernitou, Kevindoss, Kilianours, Kilith, Kinashut Kamui, Kintaro, Kipmaster, Klein, KoS, Korrigan, Kropotkine 113, LAGRIC, LPLT, La-crevette-jaune, Lamiot, Larkos, Lauranne, Laurent Nguyen, Le gorille, Le messager 2008, Le pro du 94 :), Le promeneur, LeMorvandiau, Leag, Legrand1986, Lelan2310, Leodekri, Leonardse, Les3corbiers, Letartean, Lili6421, Liné1, Lithium57, Litlok, Liyagoldy, Lmaltier, Lomita, Lucignolobrescia, Ludo29, Lumerle, Lyn, Léopard-35, MaCRoEco, Macassar, Madiot, Madlozoz, Maloq, Malta, Manchot, Maniak, Mansuetus, Manu1400, Manuguf, Manukahn, Marc BERTIER, Marc Mongenet, Marcoboo777, Marcus Magus, Mark123, Markadet, Mathieuclement, Maurilbert, Mcleish, Medamine9460018, Mehnimalik, Meknessirif, Menryck, MetalGearLiquid, Metroitendo, Mic79, MicroCitron, Milord, Min's, Mirgolth, Mistergio, Mith, Moez, Moipaulochon, Monnomestjaques, Monsieur Fou, Morphypnos, Moumine, Moumousse13, MrDemoniak, Mro, Mschlindwein, Musicaline, Mutatis mutandis, Mzelle Laure, NRBKrew, NVar, Naevus, Nakor, Nataraja, Newyork60, NicDumZ, NicoV, Nicoboy1973, Nicolas J., Nicolas Lardot, Nicolas Ray, Nicolashag, Nikoooo, Noritaka666, Numbo3, Nutoj, Oblic, Olivbd, Omondi, Orthogaffe, Orthomaniaque, Ostrea, Ouille57, Oxo, P-e, Pabix, Padawane, Paola Ole, Passoa15, Patch051, Patchak, Pautard, Pem, Peneloppe, Penjo, Perditax, Pfinge, Phe, Philippe Giabbanelli, PhilippeMalherbe, PieRRoMaN, Pierre-Crespin, Pixeltoo, Pj44300, Ploum's, Pontauxchats, Popolon, Popup, Poulos, Pseudomoi, Ptyx, Punx, Pwet-pwet, Quentinv57, R, RM77, Randall Flagg, Rara25, Restefond, Rhadamante, Rhiannon, Richardbl, Rigolithe, Rob Hooft, RogerGravel, Romanceor, Roosevelt, Rosedessables, Roux-miaou, Rpa, Runaway9995, Rune Obash, Ryo, Rémih, Sakharov, Salix, Salsero35, Sam Hocevar, Sambe2, Sanao, Santerref, Saru063, Sasa123456, Schiste, Sebajuma, Sebb, Sebjarod, Sebleouf, Semnoz, Shawn, Sherbrooke, Shiba, ShreCk, Shri Ganapati, Simz, Sisyph, Sixsous, Ske, Skull33, Skybud, Solensean, Solveig, Speculos, Spedona, Sroulik, Stanlekub, Starus, Ste281, Sticky Parkin, Strangeways, Stronbi, Superjuju10, Sweettaffy, Taguelmoust, Tallinn, Tanka, Tavernier, Tejgad, Tgykrfhr, Theocrite, Theoliane, Thesupermat, Tibauk, TigH, Titou42000, Tkdtotowow, Tornad, Totodu74, Toutoun35, Toutoune25, Traleni, Trilobite, TroisiemeLigne, Tsaag Valren, Tusauraspas, Udufruduhu, Urhixidur, Ursutraide, Valérie75, Van Rijn, Vargenau, Vazkor, Veilleur, Viking59, Vincnet, Vinz1789, Violaine2, Vioxx, Vlaam, Volo, VonTasha, Vyk, Wanderer999, Weft, Wiki-User03, Wikipedy, Wil3000, Wiolshit, Woofywoofer, Woww, X pirate x, Xaphan9966, Xic667, Xofc, Yann165, Yelkrokoyade, Yorick, Z653z, Zandr4, Zelda, Zetud, Ziron, Zod13, Zyzomys, ~Pyb, Éclusette, Émeric, Éric messel, 885 anonymous edits

Dobermann *Source*: http://fr.wikipedia.org/w/index.php?title=Dobermann *Contributors*: Aboumael, Abujoy, Alchemica, Anabase4, Arroser, Bob08, Charlie Pinard, Coyau, Cyrilc, Edouard.briere, Ewan ar Born, F.rodrigo, Fabrice Ferrer, Gordjazz, Gpic, Grim Reaper, Gédé, Helldjinn, Hemmer, Herr Satz, IAlex, Inisheer, J-Jacques JOLY, JLM, Jerodriguez, Jmax, Jura1970, Kyro, Laurence-cabrol, LewisNetworks, LiLitheuh, Manu89, Marc Mongenet, Mutatis mutandis, Okki, Ornithorynque, Pako-, Panicneeds, Sabtar, Salsero35, TCY, The RedBurn, Thechouchou, Tux-Man, Vito Corleone, Vonvon, YSidlo, 98 anonymous edits

Pinscher_allemand *Source*: http://fr.wikipedia.org/w/index.php?title=Pinscher_allemand *Contributors*: Abujoy, Carligam, Monsieur Fou, Ngc213, Pako-, Tux-Man, Vonvon, 15 anonymous edits

Affenpinscher *Source*: http://fr.wikipedia.org/w/index.php?title=Affenpinscher *Contributors*: Abujoy, Badmood, Chien22, ChristinaGCalifornia, CommonsDelinker, Crodan, El Comandante, Ewan ar Born, Fabrice Ferrer, Hoplaaaa, JLM, Kelson, Korg, Lmaltier, MisterMatt, Nya, Paternel 1, Ste281, Superjuju10, Tux-Man, Uld, Utopies, Violaine2, Wiz, 13 anonymous edits

Terrier_noir_de_Russie *Source*: http://fr.wikipedia.org/w/index.php?title=Terrier_noir_de_Russie *Contributors*: Abujoy, Meissen

Dogue_allemand *Source*: http://fr.wikipedia.org/w/index.php?title=Dogue_allemand *Contributors*: AC¤, Abujoy, Aeleftherios, Antaj7co, Bob08, Bostophe, Caen ça ?, Camae, CommeCeci, Constantin Sandru, Cyrilc, Céréales Killer, David Latapie, Dbioul, Delar101, DocteurCosmos, DonCamillo, Easy Tempo, Elf, Enimatek74, Gyrostat, Hégésippe Cormier, Inisheer, JLM, Jack-In-The-Mox, Jef-Infojef, Jerome66, Kelson, Laurent Nguyen, LeGéantVert, Lgd, Lionel Allorge, Lomita, Mat.fr, Mickael BOYER, Mihyo, Moez, Moiannelise82100, Moumousse13, Onial Khan, Orlodrim, Ornithorynque, Pako-, Passionduchien, Ptyx, Samcyfer, Sisqi, Ste281, Stocha, TCY, Tux-Man, Vlaam, Vonvon, Z653z, 82 anonymous edits

Ca_de_Bou *Source*: http://fr.wikipedia.org/w/index.php?title=Ca_de_Bou *Contributors*: Abujoy, Chaoborus, CommonsDelinker, Coyote du 86, Drongou, Hastasiemprekennel, Jasef, Ji-Elle, Lgd, Loveless, Sardur, 10 anonymous edits

Dogue_de_Bordeaux *Source*: http://fr.wikipedia.org/w/index.php?title=Dogue_de_Bordeaux *Contributors*: Abrahami, Abujoy, AnnieAstronomie, Antaj7co, Arnaud.Serander, Awsguy1, Badmood, CNDK6CLAMRACMALMIC, Chaoborus, Gzen92, Hoplaaaa, Jibi44, Jules78120, KoS, LAMRACMALMIC, Lerouk, Lomita, Pako-, SuperFlo, Taguelmoust, Tux-Man, Yelkrokoyade, 29 anonymous edits

Shar_Pei *Source*: http://fr.wikipedia.org/w/index.php?title=Shar_Pei *Contributors*: AFPSP, Abujoy, Adri08, Alphos, Boustrophédon, CommonsDelinker, Dynamitestyle, Ewan ar Born, Gzen92, Hydrel, Inels, John Keats 78, La tour d'ivory, Langladure, Litlok, Lomita, Loveless, Maloq, Nancy sab, Ockland, Ozrikem, Pako-, Pgauthier71, Pilou08, Rafy0, Seb37, Spook70, Ste281, Tux-Man, Vonvon, 28 anonymous edits

Broholmer *Source*: http://fr.wikipedia.org/w/index.php?title=Broholmer *Contributors*: Abujoy, Azurfrog, JmCor, 3 anonymous edits

Bouvier_de_l'Appenzell *Source*: http://fr.wikipedia.org/w/index.php?title=Bouvier_de_l%E2%80%99Appenzell *Contributors*: Abujoy, Astirmays, Ewan ar Born, Fabian6530, Gzen92, Joyeuses gambades, Laurent Nguyen, Manuguf, Mirgolth, Orphée, Pako-, PurpleHz, Romano1246, Sofian, Spirot, Steve.lupfer, Stéphane33, Theoliane, Vincnet, 9 anonymous edits

Bouvier_bernois *Source*: http://fr.wikipedia.org/w/index.php?title=Bouvier_bernois *Contributors*: Abujoy, Adefrem, Albanet, Apultier, Arnaud.Serander, Arnaudh, Aucrimi, Badmood, Baileyx3, Bobodu63, Chaps the idol, Cyrilc, Céropégia, Céréales Killer, Delroth, Dhatier, ElfeJediBiochimiste, Ewan ar Born, Ganjo, Gede, Greatpatton, Gzen92, Hercule, Hégésippe Cormier, Igel 14, Jamcib, Jef-Infojef, Joyeuses gambades, Jules78120, Kelson, Kilith, Kropotkine 113, Litlok, Lolando, Lomita, Ludo29, Luthien, Manuguf, Moumousse13, Mschlindwein, NicoV, Nicolas Ray, Ocmey, Opale24, Orphée, Pako-, Patricia BRE, Pegasusvega, Pethrus, Pj44300, Plbcr, Sam Hocevar, Schiste, Speculos, Ste281, Sémaphore, Theoliane, Tieum, Tux-Man, Vivarés, Zicia, Zubro, ירעל מוראהנייר, 92 anonymous edits

Image Sources, Licenses and Contributors

Image:Dog.svg *Source*: http://fr.wikipedia.org/w/index.php?title=Fichier:Dog.svg *License*: unknown *Contributors*: AVRS, Agencius, Ktims, Mach, Wst, Ö, 6 anonymous edits

Fichier:Dogo argentino recentre.jpg *Source*: http://fr.wikipedia.org/w/index.php?title=Fichier:Dogo_argentino_recentre.jpg *License*: unknown *Contributors*: User:Monsieur Fou

Fichier:Flag of Argentina.svg *Source*: http://fr.wikipedia.org/w/index.php?title=Fichier:Flag_of_Argentina.svg *License*: unknown *Contributors*: User:Dbenbenn

File:Laiko argentine dogo.jpg *Source*: http://fr.wikipedia.org/w/index.php?title=Fichier:Laiko_argentine_dogo.jpg *License*: unknown *Contributors*: David Durrenberger

File:3 Week old Female Argentine Dogo.JPG *Source*: http://fr.wikipedia.org/w/index.php?title=Fichier:3_Week_old_Female_Argentine_Dogo.JPG *License*: unknown *Contributors*: User:Kyarish

Image:Gtk-dialog-info.svg *Source*: http://fr.wikipedia.org/w/index.php?title=Fichier:Gtk-dialog-info.svg *License*: unknown *Contributors*: David Vignoni

Image:Assemblage_chien.jpg *Source*: http://fr.wikipedia.org/w/index.php?title=Fichier:Assemblage_chien.jpg *License*: unknown *Contributors*: Jdcollins13, Ltshears, Monsieur Fou, Morphypnos

Fichier:My dog.jpg *Source*: http://fr.wikipedia.org/w/index.php?title=Fichier:My_dog.jpg *License*: unknown *Contributors*: User:Sp..andreea

Fichier:Labradoodle.jpg *Source*: http://fr.wikipedia.org/w/index.php?title=Fichier:Labradoodle.jpg *License*: unknown *Contributors*: User:Johlum

Fichier:Vittore Carpaccio 028.jpg *Source*: http://fr.wikipedia.org/w/index.php?title=Fichier:Vittore_Carpaccio_028.jpg *License*: unknown *Contributors*: AndreasPraefcke, EDUCA33E, Emijrp, G.dallorto, MU, Sailko

Fichier:Great Danes and Chihuahuas by David Shankbone.jpg *Source*: http://fr.wikipedia.org/w/index.php?title=Fichier:Great_Danes_and_Chihuahuas_by_David_Shankbone.jpg *License*: unknown *Contributors*: David Shankbone

Fichier:NICO looks at himself.jpg *Source*: http://fr.wikipedia.org/w/index.php?title=Fichier:NICO_looks_at_himself.jpg *License*: unknown *Contributors*: Georgia Pinaud, Lille , France.

Fichier:NSRW Dogs 1.jpg *Source*: http://fr.wikipedia.org/w/index.php?title=Fichier:NSRW_Dogs_1.jpg *License*: unknown *Contributors*: Monedula

Fichier:Dog Drinking in Slow Motion (Berger Blanc Suisse called Bonny).ogv *Source*: http://fr.wikipedia.org/w/index.php?title=Fichier:Dog_Drinking_in_Slow_Motion_(Berger_Blanc_Suisse_called_Bonny).ogv *License*: unknown *Contributors*: User:Sebman81

Fichier:Chienneavecchiots.JPG *Source*: http://fr.wikipedia.org/w/index.php?title=Fichier:Chienneavecchiots.JPG *License*: unknown *Contributors*: Bunu vio, Kersti Nebelsiek, Ltshears, Pharaoh Hound, 2 anonymous edits

Fichier:Collerettechien.jpg *Source*: http://fr.wikipedia.org/w/index.php?title=Fichier:Collerettechien.jpg *License*: unknown *Contributors*: User:Camae

Fichier:US Navy 050805-N-0168J-004 U.S. Navy Dentist Lt. Howard Polansky uses a dental drill to access a tooth^rsquo,s root during an emergency root canal on a military working dog.jpg *Source*: http://fr.wikipedia.org/w/index.php?title=Fichier:US_Navy_050805-N-0168J-004_U.S._Navy_Dentist_Lt._Howard_Polansky_uses_a_dental_drill_to_access_a_tooth^rsquo,s_root_during_an_emergency_root_canal_o *License*: unknown *Contributors*: Benchill

Fichier:Parisian dog walker.jpg *Source*: http://fr.wikipedia.org/w/index.php?title=Fichier:Parisian_dog_walker.jpg *License*: unknown *Contributors*: Man vyi, Romanceor

Fichier:Noircaisse.jpg *Source*: http://fr.wikipedia.org/w/index.php?title=Fichier:Noircaisse.jpg *License*: unknown *Contributors*: Agailleton, Orphée, Symac

Fichier:Catala3.jpg *Source*: http://fr.wikipedia.org/w/index.php?title=Fichier:Catala3.jpg *License*: unknown *Contributors*: http://www.bouvier-bernois.com/next.htm

File:Chien errant.JPG *Source*: http://fr.wikipedia.org/w/index.php?title=Fichier:Chien_errant.JPG *License*: unknown *Contributors*: User:Lucignolobrescia

Fichier:Jean leon gerome une plaisanterie 1882.jpg *Source*: http://fr.wikipedia.org/w/index.php?title=Fichier:Jean_leon_gerome_une_plaisanterie_1882.jpg *License*: unknown *Contributors*: Mattes, Monsieur Fou, Tux-Man

Image:Dob-3ans.jpg *Source*: http://fr.wikipedia.org/w/index.php?title=Fichier:Dob-3ans.jpg *License*: unknown *Contributors*: User:J-Jacques JOLY

Image:Deutscher Pinscher.JPG *Source*: http://fr.wikipedia.org/w/index.php?title=Fichier:Deutscher_Pinscher.JPG *License*: unknown *Contributors*: Prskavka, Stesi-cliff, 1 anonymous edits

Image:Affenpinscher.jpg *Source*: http://fr.wikipedia.org/w/index.php?title=Fichier:Affenpinscher.jpg *License*: unknown *Contributors*: Craig Pemberton, Elf, Lennart.larsen, Pharaoh Hound, 2 anonymous edits

Fichier:Flag of Germany.svg *Source*: http://fr.wikipedia.org/w/index.php?title=Fichier:Flag_of_Germany.svg *License*: unknown *Contributors*: User:Madden, User:SKopp

Image:Czarny terier rosyjski 64.jpg *Source*: http://fr.wikipedia.org/w/index.php?title=Fichier:Czarny_terier_rosyjski_64.jpg *License*: unknown *Contributors*: User:Pleple2000

Image:Dogue_Allemand_Bleu.JPG *Source*: http://fr.wikipedia.org/w/index.php?title=Fichier:Dogue_Allemand_Bleu.JPG *License*: unknown *Contributors*: Mickael BOYER

Image:Vikhoarau.JPG *Source*: http://fr.wikipedia.org/w/index.php?title=Fichier:Vikhoarau.JPG *License*: unknown *Contributors*: Samuel Hoarau

Fichier:Tête Utanalussa.JPG *Source*: http://fr.wikipedia.org/w/index.php?title=Fichier:Tête_Utanalussa.JPG *License*: unknown *Contributors*: User:Nambassa

Image:Almadelaiannalba.jpg *Source*: http://fr.wikipedia.org/w/index.php?title=Fichier:Almadelaiannalba.jpg *License*: unknown *Contributors*: User:SabCDB

Fichier:Ca de bou LM786.jpg *Source*: http://fr.wikipedia.org/w/index.php?title=Fichier:Ca_de_bou_LM786.jpg *License*: unknown *Contributors*: User:Lilly M

Image:Dogue de Bordeaux standing.jpg *Source*: http://fr.wikipedia.org/w/index.php?title=Fichier:Dogue_de_Bordeaux_standing.jpg *License*: unknown *Contributors*: Original uploader was StBrecht at de.wikipedia

Fichier:Flag of France.svg *Source*: http://fr.wikipedia.org/w/index.php?title=Fichier:Flag_of_France.svg *License*: unknown *Contributors*: (de) (en)

Image:Dogue de Bordeaux.jpg *Source*: http://fr.wikipedia.org/w/index.php?title=Fichier:Dogue_de_Bordeaux.jpg *License*: unknown *Contributors*: User:Tomer Jacobson

image:Sharpei female.jpg *Source*: http://fr.wikipedia.org/w/index.php?title=Fichier:Sharpei_female.jpg *License*: unknown *Contributors*: User:Denisrw

Fichier:Flag of the People's Republic of China.svg *Source*: http://fr.wikipedia.org/w/index.php?title=Fichier:Flag_of_the_People's_Republic_of_China.svg *License*: unknown *Contributors*: User:Denelson83, User:SKopp, User:Shizhao, User:Zscout370

Image:Shar-pei17.jpg *Source*: http://fr.wikipedia.org/w/index.php?title=Fichier:Shar-pei17.jpg *License*: unknown *Contributors*: Pleple2000, 1 anonymous edits

Image:Bruutus.JPG *Source*: http://fr.wikipedia.org/w/index.php?title=Fichier:Bruutus.JPG *License*: unknown *Contributors*: User:Ozrikem

Image:SHARPEI NINA.JPG *Source*: http://fr.wikipedia.org/w/index.php?title=Fichier:SHARPEI_NINA.JPG *License*: unknown *Contributors*: PILOU 08

Image:SHARPEI NINA1.JPG *Source*: http://fr.wikipedia.org/w/index.php?title=Fichier:SHARPEI_NINA1.JPG *License*: unknown *Contributors*: PILOU08

Image:Sharpei ogon 867.jpg *Source*: http://fr.wikipedia.org/w/index.php?title=Fichier:Sharpei_ogon_867.jpg *License*: unknown *Contributors*: User:Pleple2000

Image:Beerus1.jpg *Source*: http://fr.wikipedia.org/w/index.php?title=Fichier:Beerus1.jpg *License*: unknown *Contributors*: Original uploader was ElsBrinkerink at nl.wikipedia

File:Shar pei Darling de la petite Cantate.jpg *Source*: http://fr.wikipedia.org/w/index.php?title=Fichier:Shar_pei_Darling_de_la_petite_Cantate.jpg *License*: unknown *Contributors*: Charlesmax79, Kilom691

Fichier:Ivarr03.JPG *Source*: http://fr.wikipedia.org/w/index.php?title=Fichier:Ivarr03.JPG *License*: unknown *Contributors*: User:Thrudgelmir

Fichier:Broholmer.JPG *Source*: http://fr.wikipedia.org/w/index.php?title=Fichier:Broholmer.JPG *License*: unknown *Contributors*: Ivarr, Kersti Nebelsiek, 1 anonymous edits

Image:Dara_essy.jpg *Source*: http://fr.wikipedia.org/w/index.php?title=Fichier:Dara_essy.jpg *License*: unknown *Contributors*: User:DaKaM.cz

Image:Bouvier_Bernois_BE.jpg *Source*: http://fr.wikipedia.org/w/index.php?title=Fichier:Bouvier_Bernois_BE.jpg *License*: unknown *Contributors*: Ocmey http://fr.wikipedia.org/wiki/Utilisateur:Ocmey

File:Bouvier bernois.jpg *Source*: http://fr.wikipedia.org/w/index.php?title=Fichier:Bouvier_bernois.jpg *License*: unknown *Contributors*: User:Albanet